和洋菓子幸福手帖320

1.25 mL 1/4 TEASPOON

5 mL 1 TEASPOON

15 mL 1 TABLESPOON

三悅文化

Contents

目錄

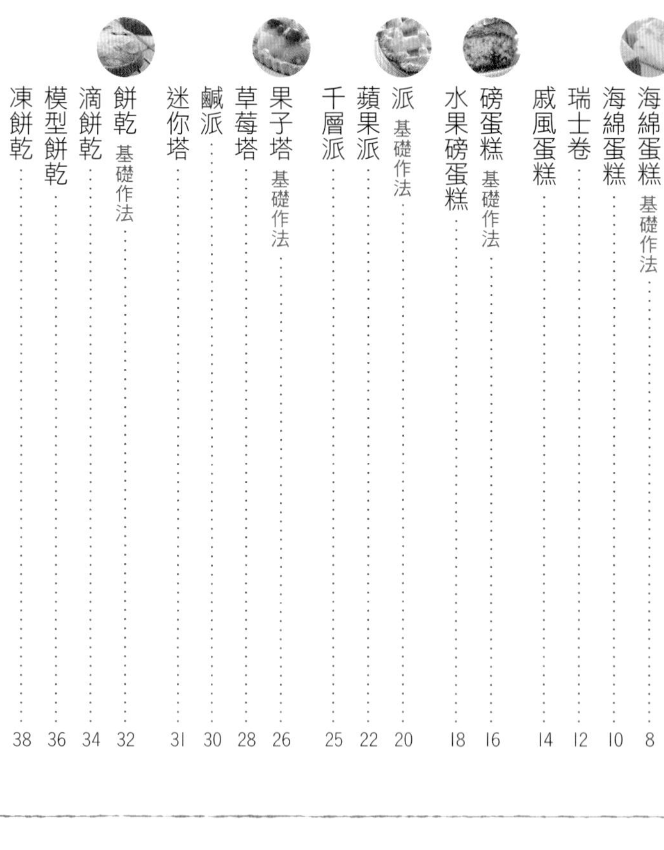

西式點心

日式點心

材料的正確稱量方法

要想製作出美味的點心，那就一定要謹守食譜中材料的用量。隨便稱量是製作失敗的主因。因此一定要時刻謹記正確稱量食材用量。

電子秤

放在水平的檯子上稱量

傾斜的桌面會導致稱量資料不準確，因此請將電子秤放在水平的位置進行。稱量粉類等材料時，先將碗放在稱上，設置資料為0後再向內添加材料。

稱量匙

抹平一匙

粉類或砂糖等舀起一匙後表面會隆起，使用抹平棒或湯匙把等工具，從一端劃過抹平表面。

手動稱量

手指拿捻稱量

「1小撮」是指用食指、中指、拇指捻起的一撮，約為1/4～1/5小匙。而「少許」則是指用食指與拇指輕輕捻起的一點，約為1/8小匙。

稱量杯

查看橫截面稱量

杯中放入液體後，將杯子放在水平桌上查看橫面刻度。1杯為200ml。

攪拌的基礎

將奶油等材料放入碗中一邊保持低溫一邊打發至喜歡的硬度。

八分發

提起後盆中奶油的前端呈稍微立起的狀態。

六分發

提起後奶油呈稠糊狀慢慢滴落的狀態。

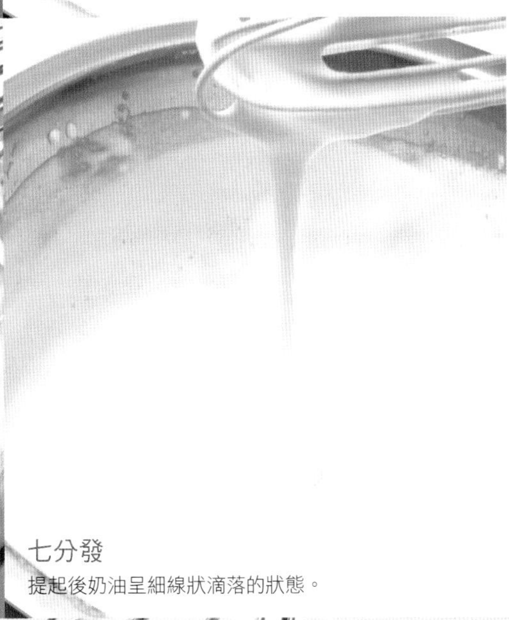

九分發

提起後盆中奶油的前端呈牢固三角形的狀態。

七分發

提起後奶油呈細線狀滴落的狀態。

製作蛋白霜

打發蛋白至出現半透明的泡泡後加入一撮細砂糖。之後分數次加入細砂糖繼續打發。直至蛋白被打發得有光澤，且提起攪拌器後蛋白可呈三角形立起即可。

事前的基礎準備

甜品美味的一大關鍵就是不可或缺的事前準備工作。
奶油和粉類的事前處理必不可少。

室溫軟化奶油

將奶油切成厚約1cm的塊，室溫放置20～30分鐘即可。軟化至用手指輕壓可壓扁即為完成。

篩粉

高筋麵粉、低筋麵粉、全麥粉及杏仁粉等粉末狀材料稱量後必須使用麵粉篩或萬能篩進行過篩。放在距離大碗或紙15cm的高度過篩2次即可。

西式點心

海綿蛋糕

材料
（直徑18cm的
圓形蛋糕模具1個份）
海綿蛋糕麵團
低筋麵粉…80g
雞蛋…3個
細砂糖…80g
無鹽奶油…20g

事前準備
- 低筋麵粉過篩。
- 雞蛋室溫放置恢復常溫。
- 奶油放入耐熱容器中，以微波爐（600W）加熱約20秒。
- 烤箱預熱至180℃。

詳細步驟等參照P.10

1 準備模具

模具底部鋪一張烘焙紙。

↓

2 雞蛋加細砂糖攪拌

碗中打入雞蛋，使用打蛋器一邊粗略攪拌一邊加入細砂糖。

↓

3 一邊加熱碗一邊打蛋

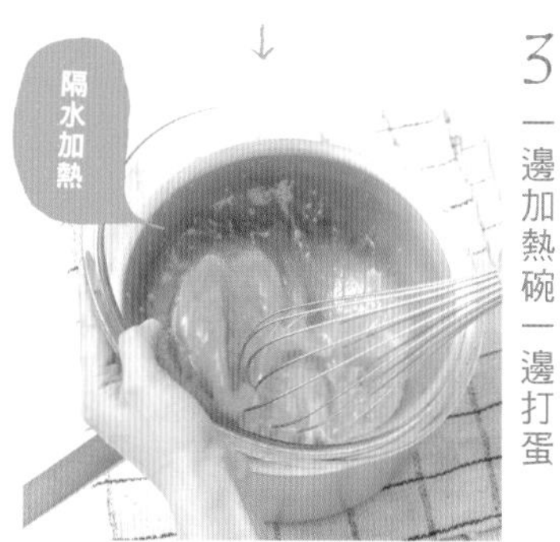

碗放入80℃左右的熱水中，一邊加熱一邊打蛋。

4 打發至線狀滴落即可

提起打蛋器後蛋液呈線狀滴落即可。

↓

5 加入麵粉和奶油

加入低筋麵粉後使用橡膠刮刀切拌。加入融化的奶油攪拌。

↓

6 烤好後脫模散熱放涼

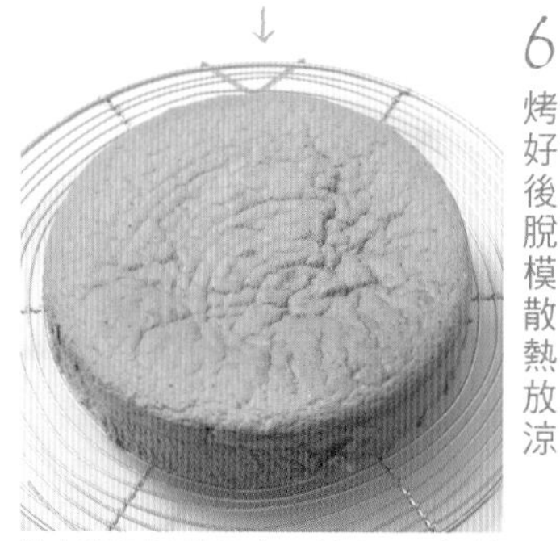

將麵糊倒入模具中，放入180℃的烤箱內烘焙20～25分鐘。烤好後脫模，放置在蛋糕架上散熱放涼。

戚風蛋糕

材料
（直徑17cm的戚風蛋糕模具1個份）
麵團
低筋麵粉…70g
泡打粉…1小匙
A｜蛋黃…3個
｜細砂糖…30g
沙拉油…40ml
牛奶…30ml
B｜蛋白…3個
｜細砂糖…30g

事前準備
- 低筋麵粉與泡打粉混合後過篩。
- 雞蛋室溫放置恢復常溫。
- 烤箱預熱至170℃。

詳細步驟等參照P.14

1 A中的蛋黃加細砂糖攪拌

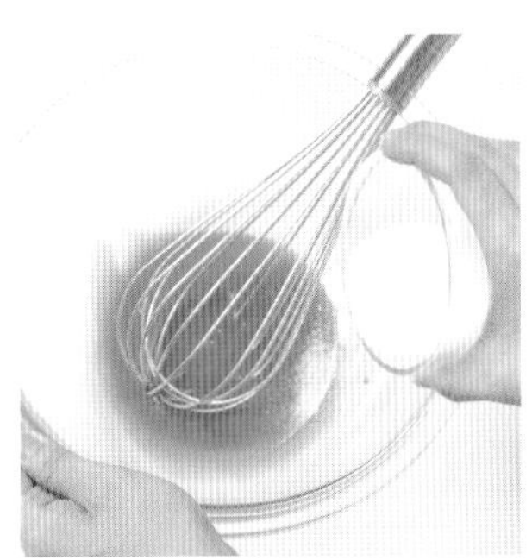

碗中放入蛋黃攪散，再加入細砂糖攪打至有黏性。

2 依次放入沙拉油、牛奶攪拌

攪拌至整體順滑。

3 加入粉類

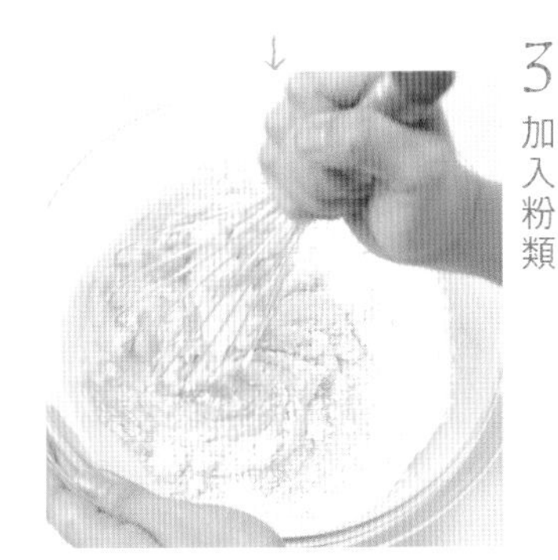

用打蛋器攪拌至看不見粉類。

4 製作蛋白霜

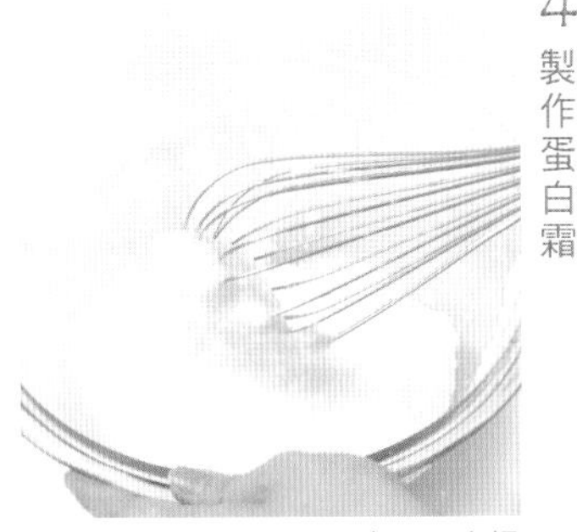

另取一個碗放入蛋白，加入1小撮細砂糖打發至前端可豎起三角形。

5 加入剩餘的細砂糖打發

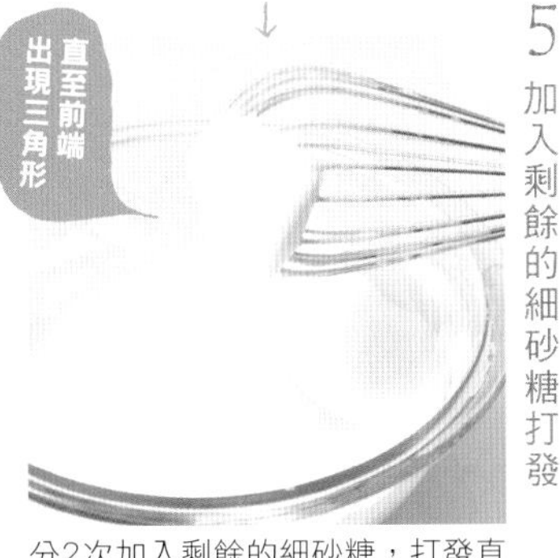

分2次加入剩餘的細砂糖，打發直至提起打蛋器後前端出現三角形。

6 分3～5次加入

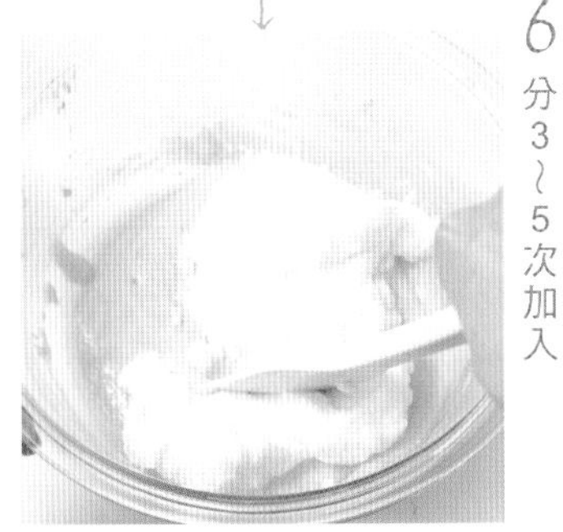

分3～5次將蛋白霜加入蛋黃糊中，用橡膠刮刀從碗底開始翻拌。

7 完全混合

充分攪拌直至用橡膠刮刀提起麵糊後，麵糊呈帶狀大面積滴落即可。

8 倒入模具

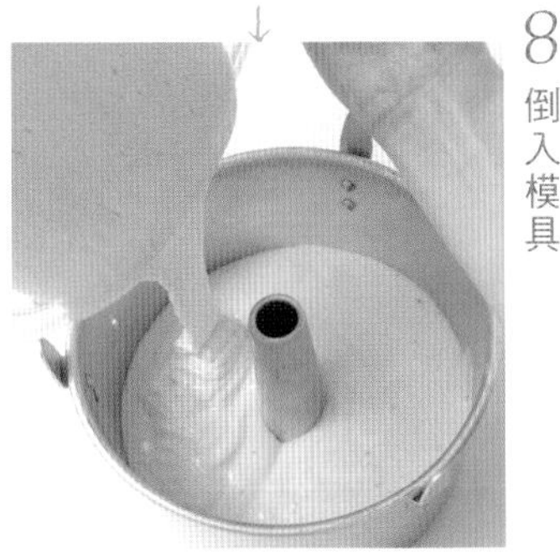

從較高的位置將麵糊倒入模具中。

9 放入烤箱中烘焙、散熱放涼

將模具放入170℃的烤箱內烘焙35～40分鐘。烤好後取出烤箱，不脫模，倒置散熱放涼。

海綿蛋糕

Sponge cake

最關鍵的要點
在於充分打發
雞蛋與細砂糖
這樣才能做出
鬆軟有光澤的蛋糕

材料
（直徑18cm的
圓形模具1個份）

蛋糕
低筋麵粉…80g
無鹽奶油…20g
雞蛋…3個
細砂糖…80g

糖汁
細砂糖…10g
櫻桃白蘭地…1小匙
水…2大匙

裝飾
草莓…20個
鮮奶油…300g
細砂糖…20g
白巧克力…適量

事前準備
- 模具底部鋪一張烘焙紙。
- 低筋麵粉過篩。
- 雞蛋室溫放置恢復常溫。
- 奶油放入耐熱容器中，以微波爐（600W）加熱約20秒。
- 烤箱預熱至180℃。
- 混合糖汁材料後煮沸放涼。
- 取12個草莓留做裝飾，剩餘的草莓切片。
- 擠花袋搭配星形擠花嘴安裝好。

作法（參照P.8）
1. 碗中打入雞蛋，使用打蛋器一邊粗略攪拌一邊加入細砂糖。
2. 隔水加熱打發雞蛋，直至提起打蛋器後蛋液呈線狀滴落即可。
3. 加入低筋麵粉後使用橡膠刮刀切拌。
4. 加入融化的奶油攪拌後，將麵糊倒入模具中。
5. 將模具放入180℃的烤箱內烘焙20～25分鐘。烤好後脫模散熱放涼。
6. 對比海綿蛋糕的高度切成兩份，每份均用刷子刷上糖汁。
7. 碗中加入鮮奶油和細砂糖打至八分發。在下面一層的海綿蛋糕上按照一層奶油一層草莓片再一層奶油的順序塗抹擺放，最後用刮刀抹平奶油表面，再將另一片海綿蛋糕蓋在上面。並用奶油塗抹在蛋糕的側面和頂部，並將剩餘的奶油放入擠花袋中在蛋糕表面裱花，擺放切開的草莓，撒上碎巧克力做裝飾即可。

多種麵團

可可麵團

材料（直徑18cm的圓形模具1個份）
低筋麵粉…60g
可可粉…15g
雞蛋…3個
細砂糖…80g
牛奶…30ml

事前準備
●低筋麵粉與可可粉混合過篩。

作法
參照P.10海綿蛋糕麵團的作法，將4中的奶油替換成牛奶即可。

蜂蜜麵團

材料
（直徑18cm的圓形模具1個份）
低筋麵粉…80g
雞蛋…3個
細砂糖…70g
蜂蜜…25g
牛奶…30ml

作法
參照P.10海綿蛋糕麵團的作法，在1中打發雞蛋時加入蜂蜜，將4中的奶油替換成牛奶即可。

多種奶油

紅茶奶油

材料
（易製作的分量）
鮮奶油…200g
細砂糖…20g
紅茶粉…2小匙

作法
將材料放入碗中打至八分發即可。

巧克力奶油

材料
（易製作的分量）
鮮奶油…200g
甜巧克力…60g

作法
1 將60g鮮奶油放入鍋中煮沸。
2 將切碎的巧克力放入碗中，再倒入1攪拌至順滑。
3 加入剩餘的鮮奶油打至八分發。

紅豆奶油

材料
（易製作的分量）
鮮奶油…200g
煮紅豆…200g

作法
碗中放入鮮奶油打至八分發。加入煮紅豆混合攪拌即可。

藍莓奶油

材料
（易製作的分量）
鮮奶油…200g
藍莓醬…100g

作法
碗中放入鮮奶油打至八分發。加入藍莓醬混合攪拌即可。

瑞士卷

Roll cake

華麗的橫截面展現了水果與
奶油的完美結合
些許硬度的奶油
讓蛋糕卷起得更容易

材料
（直徑30cmX30cm的烤盤1個份）

蛋糕麵團
低筋麵粉…100g
無鹽奶油…30g
雞蛋…4個
細砂糖…80g
牛奶…2大匙

糖汁
水…4大匙
細砂糖…30g
櫻桃白蘭地
…2小匙

奶油
鮮奶油…200g
細砂糖…20g
黃桃（罐頭）
…2塊

事前準備
- 烤盤底部鋪一張烘焙紙。
- 低筋麵粉過篩。
- 雞蛋室溫放置恢復常溫。
- 奶油放入耐熱容器中，入微波爐（600W）加熱約20秒。
- 烤箱預熱至180℃。
- 混合糖汁材料後煮沸放涼。
- 黃桃切1cm大的塊。

作法
1. 碗中打入雞蛋，使用打蛋器一邊粗略攪拌一邊加入細砂糖。
2. 隔水加熱打發雞蛋，直至提起打蛋器後蛋液呈線狀滴落即可。
3. 加入低筋麵粉後使用橡膠刮刀切拌。
4. 依次加入融化的奶油、牛奶後攪拌，將麵糊倒入烤盤中。
5. 將烤盤放入180℃的烤箱內烘焙20分鐘。
6. 將烤好後的蛋糕脫模散熱放涼。放涼後用保鮮膜將蛋糕包住放入冰箱冷藏。在蛋糕有烤色的一面塗抹糖汁。
7. 碗中加入鮮奶油和細砂糖打至八分發。將奶油多次塗抹在蛋糕上，撒上黃桃卷起蛋糕即可。

楓糖麵團

材料
（直徑30cmX30cm的烤盤1個份）
低筋麵粉…100g
雞蛋…4個
細砂糖…50g
無鹽奶油…30g
牛奶…2大匙
楓糖漿…30g

作法
參照P.12瑞士卷的作法，在1中打散雞蛋時加入楓糖漿即可。

咖啡麵團

材料（直徑30cmX30cm的烤盤1個份）
低筋麵粉…100g
雞蛋…4個
細砂糖…80g
A｜牛奶…2大匙
　｜即溶咖啡…10g

事前準備
●將即溶咖啡用牛奶融化。

作法
參照P.12瑞士卷的作法，將4中的融化的奶油和牛奶替換成A即可。

多種奶油&頂部裝飾

抹茶奶油&紅豆

材料
（易製作的分量）
鮮奶油…200g
白巧克力…80g
抹茶粉…1小匙
水…1小匙
頂部裝飾
煮紅豆…100g

作法
1 將60g鮮奶油放入鍋中煮沸。
2 將切碎的巧克力放入碗中，再倒入步驟1攪拌至順滑。
3 抹茶粉用水溶解。
4 加入2和3和剩餘的鮮奶油，打至八分發。

柳橙奶油&柳橙皮

材料
（易製作的分量）
鮮奶油…200g
細砂糖…10g
柳橙皮…10g
柳橙醬…20g
頂部裝飾
柳橙皮…50g

作法
1 將10g柳橙皮切碎。
2 將鮮奶油、細砂糖放入碗中打至八分發。
3 加入1和柳橙醬攪拌均勻即可。

黑糖奶油&黑豆

材料（易製作的分量）
鮮奶油…200g
黑砂糖…20g
頂部裝飾
甜煮黑豆…100g

作法
將材料放入碗中打至八分發即可。

草莓奶油&草莓

材料（易製作的分量）
鮮奶油…200g
草莓醬…100g
頂部裝飾
草莓…200g

作法
將鮮奶油放入碗中打至八分發。加入草莓醬攪拌均勻即可。

戚風蛋糕

Chiffon cake

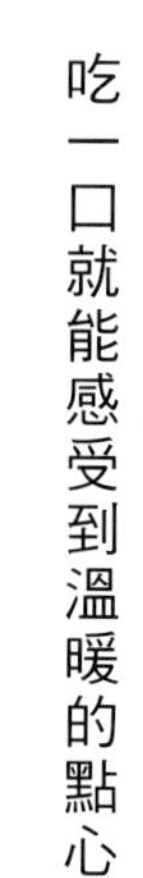

綿密鬆軟的戚風蛋糕
不添加任何裝飾
依然美味無比
吃一口就能感受到溫暖的點心

材料
（直徑17cm的戚風蛋糕模具1個份）

麵團
低筋麵粉…70g
泡打粉…1小匙
A｜蛋黃…3個
｜細砂糖…30g
沙拉油…40ml
牛奶…30ml
B｜蛋白…3個
｜細砂糖…30g

裝飾
鮮奶油…100g
細砂糖…10g

事前準備
- 低筋麵粉與泡打粉混合後過篩。
- 雞蛋室溫放置恢復常溫。
- 烤箱預熱至170℃。

作法（參照P.9）
1 碗中加入A中的蛋黃打散，再加入細砂糖攪打至有黏性。
2 放入沙拉油、牛奶攪拌均勻。
3 加入粉類用打蛋器攪拌至看不見粉末。
4 製作蛋白霜（參照P.5）另取一個碗放入B中的蛋白，加入1小撮細砂糖打發至前端可豎起三角形。再分2次加入剩餘的細砂糖，打發直至提起打蛋器後前端出現三角形。
5 把4的蛋白霜分3次加入3中，用橡膠刮刀翻拌均勻。
6 將麵糊倒入模具中，再放入170℃的烤箱內烘焙35～40分鐘。
7 烤好後取出烤箱，不脫模，倒置散熱放涼。
8 將鮮奶油和細砂糖放入碗中打至八分發，放在切開的蛋糕旁。

紅豆麵團

材料
（直徑17cm的戚風蛋糕模具1個份）
低筋麵粉…70g
泡打粉…1小匙
A｜蛋黃…3個
　｜細砂糖…30g
沙拉油…30ml
B｜蛋白…3個
　｜細砂糖…30g
煮紅豆…200g

作法
參照P.14戚風蛋糕的作法，將2中的牛奶替換成煮紅豆即可。

柳橙麵團

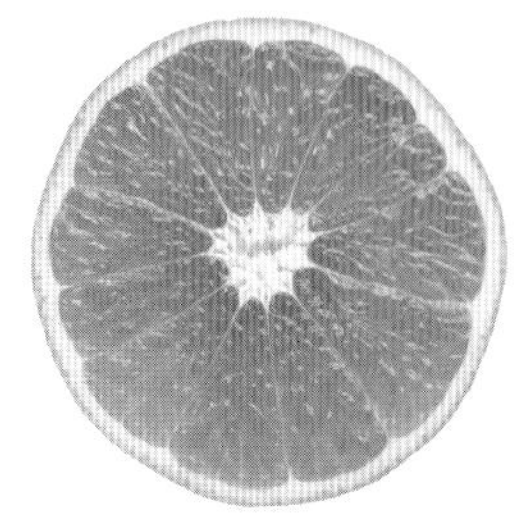

材料
（直徑17cm的戚風蛋糕模具1個份）
低筋麵粉…70g
泡打粉…1小匙
A｜蛋黃…3個
　｜細砂糖…30g
沙拉油…40ml
柳橙汁…50ml
柳橙皮泥…適量
B｜蛋白…3個
　｜細砂糖…30g

作法
參照P.14戚風蛋糕的作法，將2中的牛奶替換成柳橙汁和柳橙皮泥即可。

抹茶麵團

材料
（直徑17cm的戚風蛋糕模具1個份）
低筋麵粉…60g
泡打粉…1小匙
A｜蛋黃…3個
　｜細砂糖…30g
沙拉油…30ml
抹茶粉…10g
水…40ml
B｜蛋白…3個
　｜細砂糖…30g

事前準備
- 低筋麵粉、泡打粉混合後過篩。
- 抹茶用水溶解。

作法
參照P.14戚風蛋糕的作法，將2中的牛奶替換成抹茶水即可。

可可麵團

材料
（直徑17cm的戚風蛋糕模具1個份）
低筋麵粉…50g
泡打粉…1小匙
可可粉…20g
A｜蛋黃…3個
　｜細砂糖…30g
沙拉油…40ml
水…30ml
B｜蛋白…3個
　｜細砂糖…30g

事前準備
- 低筋麵粉、泡打粉、可可粉混合後過篩。

作法
參照P.14戚風蛋糕的作法，將2中的牛奶替換成水即可。

多種奶油

餅乾奶油

材料
（易製作的分量）
鮮奶油…200g
奧利奧等夾心餅乾…40g

作法
碗中放入鮮奶油打至八分發。加入碾碎的餅乾混合攪拌即可。

黃豆粉奶油

材料（易製作的分量）
鮮奶油…200g
三溫糖…20g
黃豆粉…50g

作法
碗中放入鮮奶油和三溫糖打至八分發。加入黃豆粉混合攪拌即可。

杏仁奶油

材料（易製作的分量）
鮮奶油…200g
杏仁醬…100g

作法
碗中放入鮮奶油打至八分發。加入杏仁醬混合攪拌即可。

磅蛋糕

材料
（10cmX19cmX8cm的磅蛋糕模具1個份）
低筋麵粉…120g
泡打粉…1/2小匙
無鹽奶油…120g
雞蛋…2個
香草精…少許
鹽…1小撮
細砂糖…120g
混合水果…100g

事前準備
- 模具底部鋪一張烘焙紙。
- 低筋麵粉和泡打粉混合後過篩。
- 奶油室溫軟化，雞蛋室溫放置恢復常溫。
- 雞蛋打散後加入香草精。
- 烤箱預熱至180℃。

⇦ 詳細步驟參照P.18

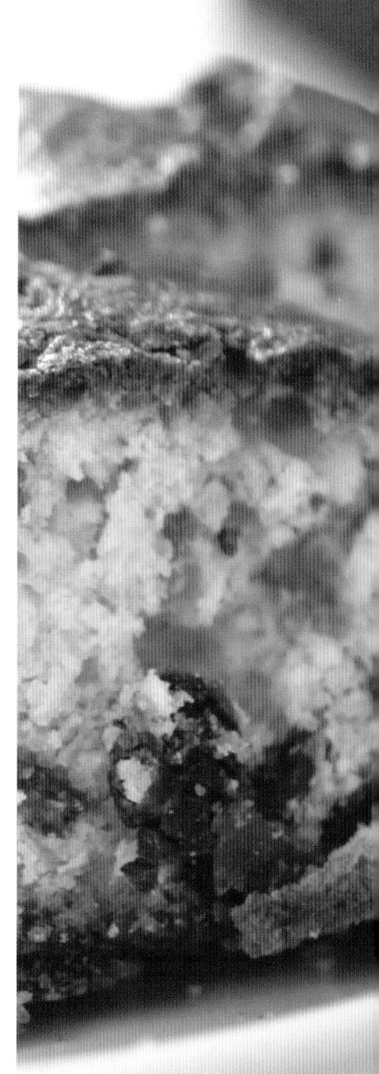

1 準備模具

按照使用的模具大小裁剪烘焙紙。參照P.17的插圖。

↓

2 將烘焙紙鋪在模具中

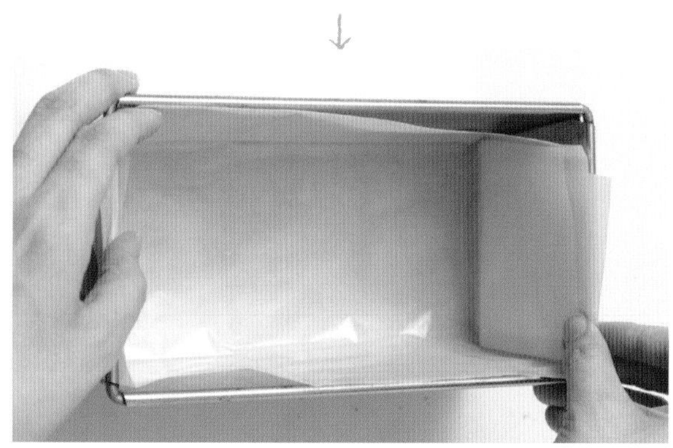

按照模具的大小折疊鋪上烘焙紙。

↓

3 將鹽、細砂糖放入奶油中

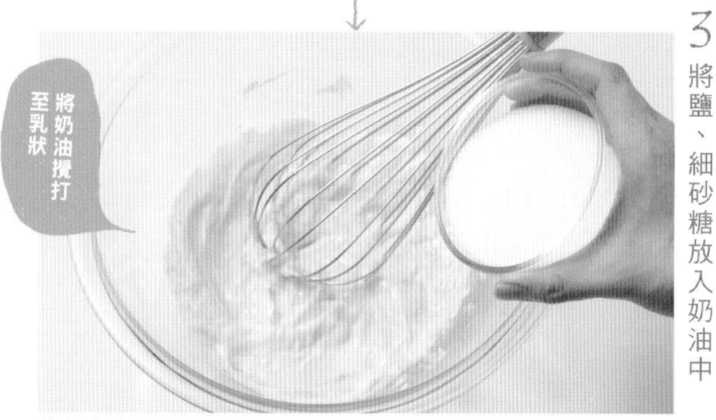

將奶油和鹽放入碗中攪打至乳狀，再分2次加入細砂糖繼續攪打至奶油變白。

烘焙紙的裁剪方法

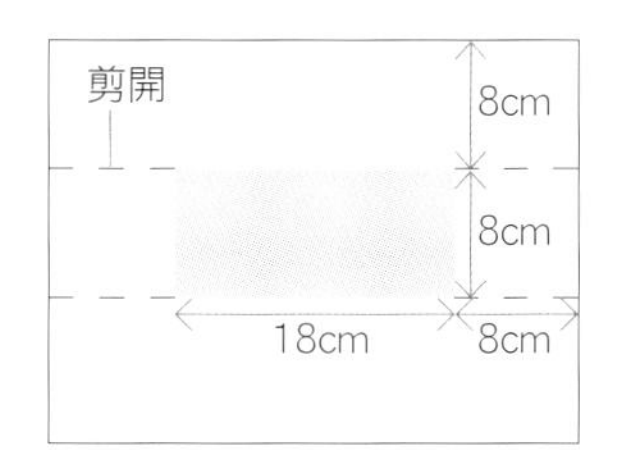

對比使用模具的尺寸

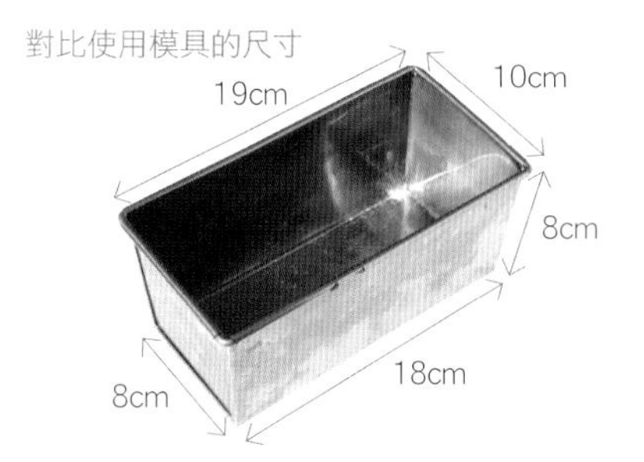

4 分次加入雞蛋

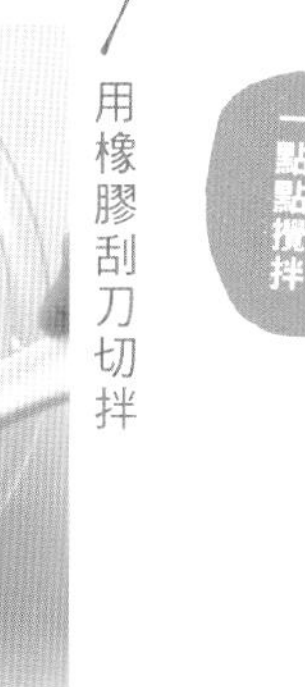

分3或4次加入雞蛋，每次都要充分攪拌均勻再加入下一次。

↓

5 加入混合水果

加入混合水果用橡膠刮刀攪拌均勻。

↓

6 加入粉類

一口氣加入低筋麵粉、泡打粉。

7 用橡膠刮刀切拌

攪拌至麵糊出現光澤。

↓

8 將麵糊倒入模具中

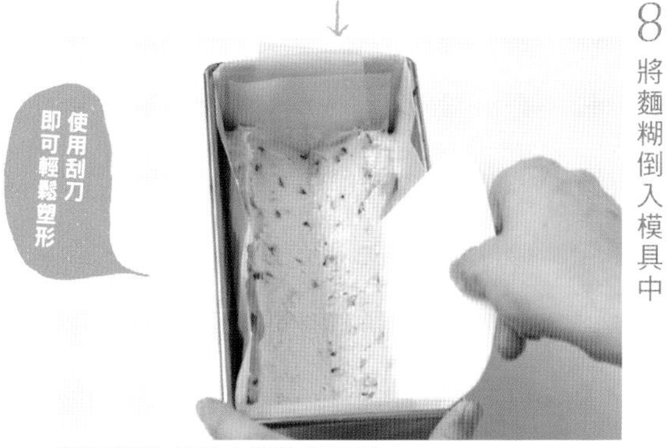

將麵糊倒入模具中後塑成V字形。

↓

9 烤箱烤好後散熱放涼

放入180℃的烤箱中烘焙40～45分鐘，脫模後放在蛋糕架上散熱放涼。

水果磅蛋糕

Fruit pound cake

烤好後用保鮮膜包裹，
入味3～4天
才是它最為美味的時候

香草精
低筋麵粉
混合水果
細砂糖
雞蛋
泡打粉
鹽
奶油

材料（10cmX19cmX8cm的磅蛋糕模具1個份）
低筋麵粉…120g
泡打粉…1/2小匙
無鹽奶油…120g
雞蛋…2個
香草精…少許
鹽…1小撮
細砂糖…120g
混合水果…100g

事前準備
- 模具底部鋪一張烘焙紙。
- 低筋麵粉和泡打粉混合後過篩。
- 奶油室溫軟化，雞蛋室溫放置恢復常溫。
- 雞蛋打散後加入香草精。
- 烤箱預熱至180℃。

作法（參照P.16）
1 將奶油和鹽放入碗中攪打至乳狀。
2 分2次加入細砂糖繼續攪打。
3 分3或4次加入雞蛋，每次都要充分攪拌均勻再加入下一次。
4 加入混合水果後用橡膠刮刀攪拌均勻。
5 加入粉類後用橡膠刮刀切拌。
6 將麵糊倒入模具中後，中間塑成V字形，放入180℃的烤箱中烘焙40～45分鐘，烤好後脫模後散熱放涼。

多種麵團

藍莓磅蛋糕

材料
（10cmX19cmX8cm的磅蛋糕模具1個份）
低筋麵粉…140g
杏仁粉…30g
泡打粉…1/2小匙
無鹽奶油…120g
細砂糖…80g
雞蛋…2個
藍莓醬…50g

事前準備
- 低筋麵粉、泡打粉、杏仁粉混合後過篩。

作法
參照P.18水果磅蛋糕的作法，將6中麵糊倒入模具之前加入2或3次藍莓醬，攪拌成大理石紋即可。

檸檬磅蛋糕

材料
（10cmX19cmX8cm的磅蛋糕模具1個份）
低筋麵粉…120g
泡打粉…1/2小匙
無鹽奶油…120g
細砂糖…120g
雞蛋…2個
檸檬皮（國產）…1個
檸檬汁…1小匙

事前準備
- 檸檬皮磨碎。

作法
參照P.18水果磅蛋糕的作法，將4中的混合水果替換成檸檬皮和檸檬汁即可。

香蕉磅蛋糕

材料
（10cmX19cmX8cm的磅蛋糕模具1個份）
低筋麵粉…120g
泡打粉…1/2小匙
無鹽奶油…100g
細砂糖…70g
雞蛋…2個
香蕉…1根
檸檬汁…1小匙
核桃…50g

事前準備
- 核桃炒乾後切碎。
- 香蕉去皮後用湯匙碾成泥，加入檸檬汁攪拌。

作法
參照P.18水果磅蛋糕的作法，3中加入雞蛋後再加入香蕉泥攪拌。將4中的混合水果替換成核桃即可。

起司磅蛋糕

材料（10cmX19cmX8cm的磅蛋糕模具1個份）
低筋麵粉…100g
泡打粉…1/2小匙
無鹽奶油…100g
細砂糖…80g
雞蛋…2個
起司塊…100g
起司粉…1大匙

事前準備
- 起司磨碎或切碎。

作法
參照P.18水果磅蛋糕的作法，將4中的混合水果替換成起司碎。6中將麵糊倒入模具後撒上起司粉即可。

多種裝飾

栗子奶油&甜煮栗子

材料（易製作的分量）
A | 鮮奶油…200g
　| 白蘭地…2小匙
栗子醬…100g
頂部裝飾
甜煮栗子…適量

作法
1. 將A放入碗中打至八分發。加入栗子醬混合攪拌。
2. 在蛋糕上按照喜好添加1和甜煮栗子。

糖粉&覆盆子

材料
（易製作的分量）
糖粉…適量
覆盆子…適量

作法
在蛋糕上撒上糖粉，添加覆盆子。

糖衣檸檬&檸檬皮

材料
（易製作的分量）
糖粉…40g
檸檬汁…1/2大匙
頂部裝飾
檸檬皮…30g

作法
將糖衣的材料混合後，用湯匙撒在蛋糕上，再鋪上檸檬皮。

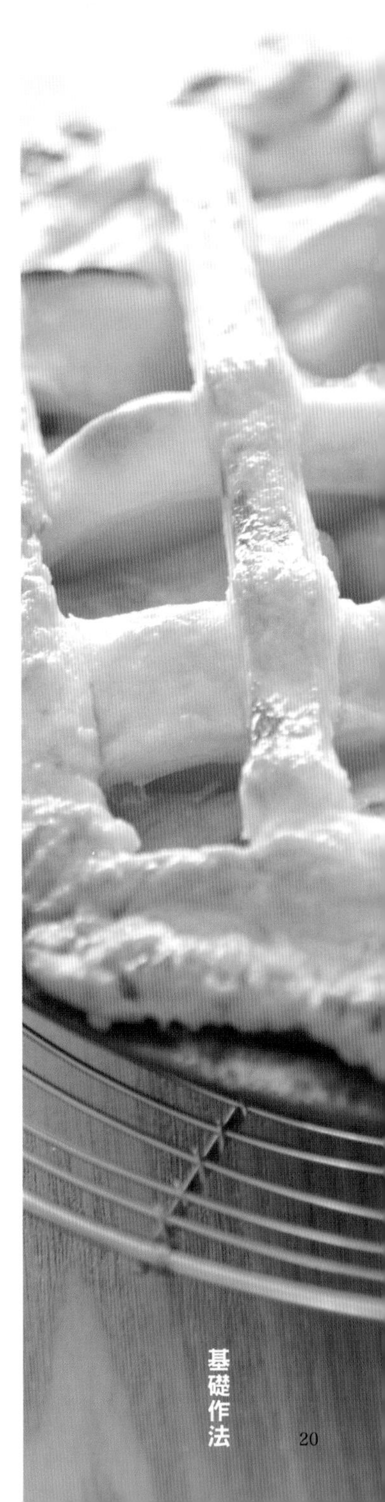

派

材料（直徑18cm的派盤1個份）

派麵團
- 低筋麵粉…80g
- 高筋麵粉…80g
- 無鹽奶油…100g
- 冷水…100ml
- 鹽…1/2小匙

酥皮用
- 蛋黃…1個

頂部裝飾
- 喜歡的餡料…適量
- 全麥餅乾…適量

事前準備
- 低筋麵粉與高筋麵粉混合過篩後放入冰箱冷藏。
- 麵團用奶油切成1cm的塊放入冰箱冷藏。
- 烤箱預熱至200℃。
- 餅乾粗略切碎。

← 詳細步驟參照P.22

1 麵粉裡加入鹽、奶油

奶油要使用剛從冰箱裡拿出來的

碗內放入麵粉、鹽、切塊的奶油，用刮刀一邊碾碎奶油一邊與粉類混合。

↓

2 分3次加入冷水

麵粉中間挖一個凹洞，分3次加入冷水攪拌均勻。

↓

3 用刮刀將麵粉做成麵團

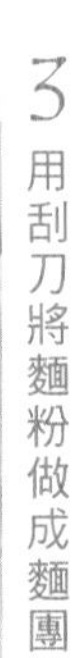

一邊將麵粉從外向內撥動一邊用手將其揉成不黏手的麵團。

4 將麵團一分為二後重疊

將麵團切半後重疊揉捏為一，再次切半重疊揉捏（共計3次）。

↓

5 用擀麵棍擀平

撒上乾粉（高筋麵粉・分量外）後，將麵團擀成原來的3倍長。

↓

6 將麵團折三折

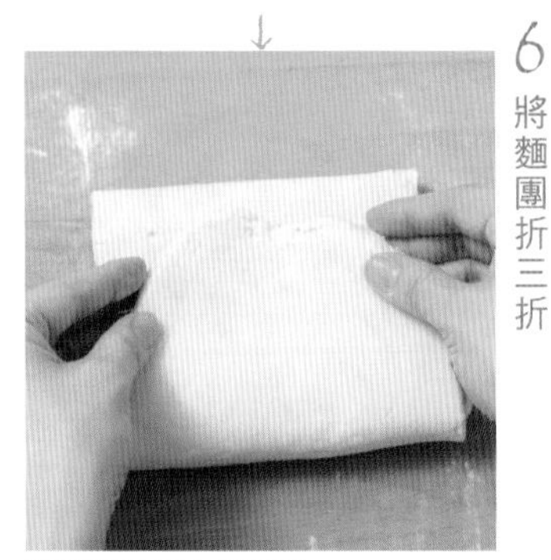

將擀好的派皮折三折。

7 旋轉90°

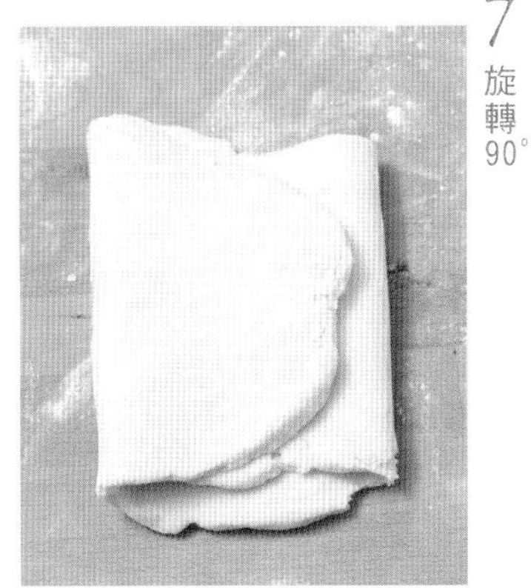

將折好的麵團旋轉90°。

8 重複3次步驟5～7

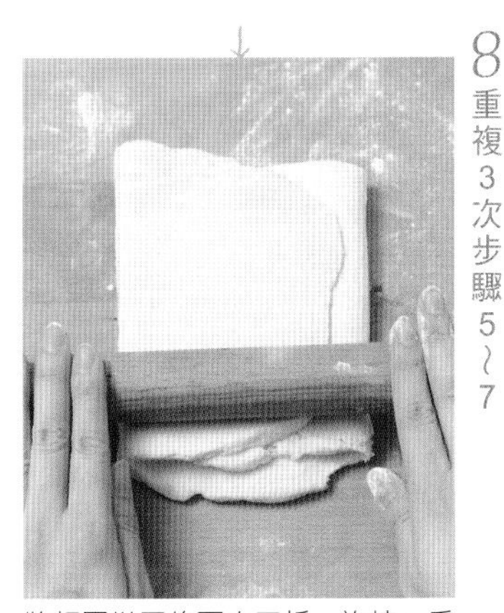

將麵團擀平後再次三折，旋轉，重複3次。

9 折三折後放入冰箱冷藏

麵團折三折後用保鮮膜包裹，放入冰箱內醒麵1小時左右。

10 將麵團擀平鋪在派盤上

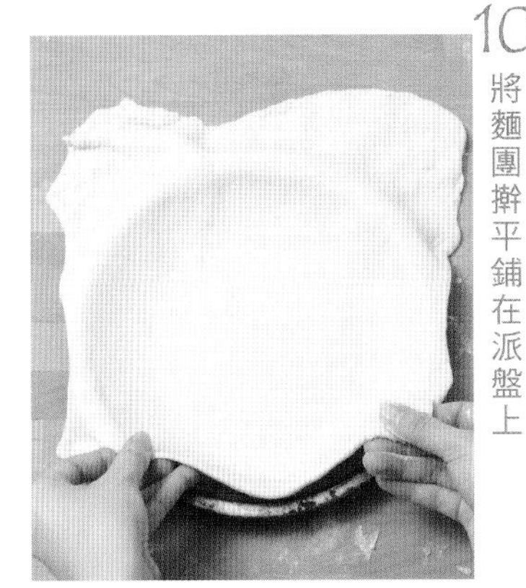

將麵團2等分，分別擀成3mm厚的派皮，1片鋪在派盤上，用叉子在上面戳孔。

11 撒上餅乾

將碾碎的餅乾撒在派皮上。

12 放上餡料

將做好的餡料放在派皮上。

13 將派皮鋪成格子狀

將剩餘的派皮切成1cm寬的帶狀，鋪成格子狀。

14 邊緣用叉子壓實

邊緣沾水後鋪一層麵團，用叉子壓實。

15 用刷子塗抹蛋汁，烘烤

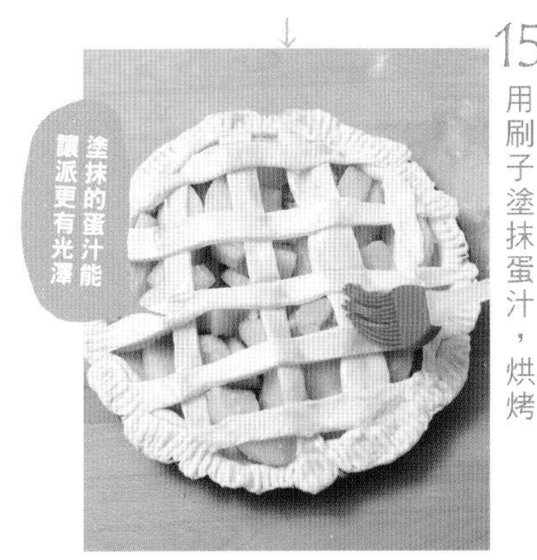

將攪散的蛋汁塗滿整個派餅，放入200℃的烤箱內烘烤約30分鐘。

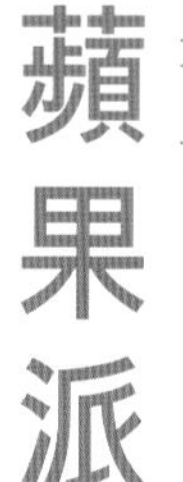

蘋果派

Apple pie

烘烤的美味餡料
不僅可以當做甜點，
還能當做零食，
是一款用途多多的料理

材料
（直徑18cm的派盤1個份）

派麵團
低筋麵粉…80g
高筋麵粉…80g
無鹽奶油…100g
冷水…100ml
鹽…1/2小匙

酥皮用
蛋黃…1個

餡料
蘋果…3個
細砂糖…90g
無鹽奶油…50g
檸檬汁…20g
肉桂粉…少許
全麥餅乾…適量

事前準備
- 低筋麵粉與高筋麵粉混合過篩後，放入冰箱冷藏。
- 麵團用奶油切成1cm的塊放入冰箱冷藏。
- 烤箱預熱至200℃。
- 餅乾粗略切碎。
- 蘋果切條。

作法（參照P.20）

1. 碗內放入麵粉、鹽、奶油，一邊碾碎奶油一邊與粉類混合。
2. 分3次加入冷水攪拌，做成麵團，將麵團切一半後重疊揉捏為一，再次切半重疊揉捏（共計3次）。
3. 料理台撒上乾粉（高筋麵粉・分量外）後擀平麵團，重複3次將麵團折三折後用保鮮膜包裹，放入冰箱內醒麵1小時左右。
4. 製作餡料。鍋內放入奶油加熱，拌炒蘋果，加入檸檬汁。撒入細砂糖後改小火炒成半透明狀，關火後加入肉桂粉放入盤中散熱放涼。
5. 將3的麵團2等分，分別擀成3mm厚的派皮。
6. 派皮鋪在派盤上，撒上餅乾後鋪4再將剩餘的派皮切成1cm寬的帶子，鋪成格子狀。邊緣沾水後鋪一層麵團，用叉子壓實。用刷子塗抹蛋黃後，放入200℃的烤箱內烘烤約30分鐘。

黑莓派

材料
（直徑18cm的派盤1個份）
餡料
黑莓（罐頭）…1罐
細砂糖…25g
玉米澱粉…6g
檸檬汁…1小匙
全麥餅乾…適量
酥皮用
蛋黃…1個

事前準備
- 參照P.22派的作法製作派麵團。
- 烤箱預熱至200℃。

作法
1. 將黑莓的果實和糖汁分開，取200g果實和50g糖汁。
2. 鍋中放入糖汁、細砂糖、玉米澱粉加熱。
3. 鍋中湯汁黏稠後加入黑莓果，煮熱後加入檸檬汁。
4. 倒入盤中鋪開放涼。
5. 將一半量的派麵團鋪在派盤中，撒上切碎的餅乾，再鋪上4。
6. 將剩餘的派皮切成1cm寬的帶子，鋪成格子狀。邊緣用沾水的叉子壓實。
7. 用刷子在派表面塗抹蛋黃後，放入200℃的烤箱內烘烤約30分鐘。

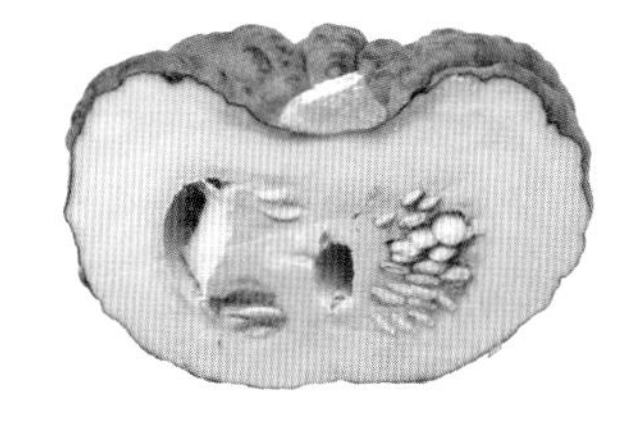

南瓜派

材料
（直徑18cm的派盤1個份）
餡料
南瓜…400g
細砂糖…100g
無鹽奶油…30g
蛋黃…2個
鮮奶油…100g
蘭姆酒…1大匙
肉桂粉、肉豆蔻…各少許

事前準備
- 參照P.22派的作法製作派麵團。
- 烤箱預熱至200℃。

作法
1. 南瓜取出種子後切成小塊、放入耐熱容器中微波（600W）約7分鐘。
2. 以竹籤能夠刺穿即可，趁熱加入細砂糖、切成小塊的奶油一起攪拌。
3. 將打散的蛋黃、鮮奶油、蘭姆酒、肉桂粉及肉豆蔻依序加入用橡膠刮刀攪拌均勻。
4. 派皮放在派盤上加入3放入200℃的烤箱內烘烤約30分鐘。

多種脆皮餡料

檸檬派

材料（直徑18cm的派盤1個份）
餡料
水…300ml
檸檬皮（國產）、檸檬汁…1個
細砂糖…70g
蛋黃…2個
低筋麵粉…20g
玉米澱粉…15g
無鹽奶油…20g
打泡奶油
鮮奶油…100g
細砂糖…10g

事前準備
- 參照P.22派的作法製作派麵團，在模具中鋪好後參照P.27果子塔麵團的作法烘烤。
- 低筋麵粉和玉米澱粉混合後過篩。
- 檸檬皮磨碎，擠檸檬汁。

作法
1. 鍋中放入水和一半細砂糖加熱，細砂糖融化後關火。
2. 碗中加入蛋黃和剩餘的細砂糖混合攪拌，再加入檸檬皮、檸檬汁、麵粉類攪拌。
3. 將2加入1中，邊加熱邊快速攪拌。邊黏稠後倒入碗中加入奶油攪拌散熱放涼。
4. 在乾烤的派皮中加入3，點綴八分發的奶油。

香蕉巧克力派

材料（直徑18cm的派盤1個份）
餡料
巧克力…50g
卡士達醬…材料、作法參照P.45（約500g）
香蕉…1根
打泡奶油
鮮奶油…200g
細砂糖…15g

事前準備
- 參照P.22派的作法製作派麵團，在模具中鋪好後參照P.27果子塔麵團的作法烘烤。
- 巧克力切碎

作法
1. 在乾烤的派皮中放入巧克力。
2. 鋪滿卡士達醬後用蛋糕抹刀抹平，擺上切片香蕉。
3. 點綴八分發的奶油。

綠花椰起司派

材料（直徑18cm的派盤1個份）

餡料

綠花椰…1/2個
培根…100g
小番茄…4或5個
車達乳酪…50g

醬汁

蛋黃醬…4大匙
巴西利…1/2杯
雞蛋…1個
大蒜…1/4小匙
黑胡椒…少許

酥皮用

雞蛋…1/2個
水…2大匙

事前準備

- 參照P.22派的作法製作派麵團。
- 綠花椰煮硬後切1.5cm的塊。
- 起司、培根切丁。
- 小番茄去蒂4等分。
- 巴西利切末。
- 醬汁中的雞蛋煮熟後切末。
- 大蒜磨成泥。
- 烤箱預熱至200℃。
- 酥皮用雞蛋和水混合。

作法

1. 將醬汁材料全部混合攪拌。
2. 麵團2等分後分別擀平。一半鋪在派盤上，放入1和餡料材料。
3. 將剩餘的派皮切成1cm寬的帶子，鋪成格子狀。邊緣沾水後鋪一層麵團，用叉子壓實。用刷子塗抹蛋液後，放入200℃的烤箱內烘烤25～30分鐘。

肉派

材料（直徑18cm的派盤1個份）

餡料

牛肉餡…150g
蘑菇…2個
洋蔥…1/4個
巴西利…10g
鹽…1/3小匙
胡椒、肉豆蔻粉…各少許
雞蛋…1/2個
白葡萄酒…2大匙

酥皮用

雞蛋…1/2個
水…2大匙

事前準備

- 參照P.22派的作法製作派麵團。
- 洋蔥、巴西利切末。
- 蘑菇切片。
- 酥皮用雞蛋和水混合。
- 烤箱預熱至200℃。

作法

1. 將餡料的材料全部混合攪拌。
2. 將派麵團擀成3mm厚的派皮，取一半鋪在派盤上，放入1。
3. 將剩餘的派皮切成1cm寬的帶子，鋪成格子狀。邊緣沾水後鋪一層麵團，用叉子壓實。用刷子塗抹蛋液後，放入200℃的烤箱內烘烤25～30分鐘。

多樣設計

起司派

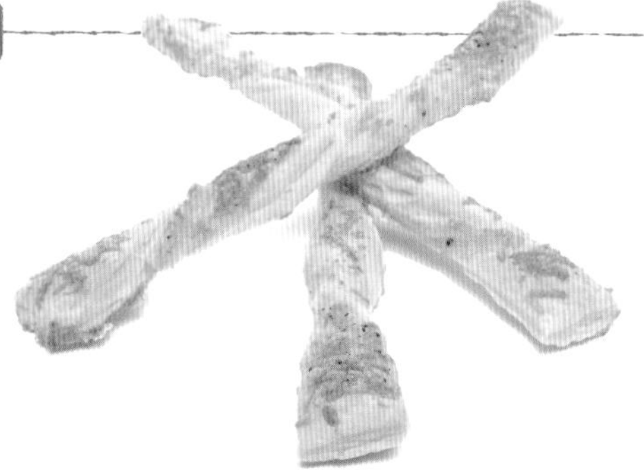

作法

參照P.22派的作法製作派麵團。將麵團擀成派皮，切長條後撒上適量的起司粉，揉成螺絲狀。放入200℃的烤箱內烘烤約20分鐘。

蝴蝶酥

作法

參照P.22派的作法製作派麵團。將麵團擀成派皮，撒上適量的肉桂糖後上下同時向中間卷卷，再切3mm厚的片。放入200℃的烤箱內烘烤約20分鐘。

千層派

Mille-feuille

酥脆的派皮
搭配多層奶油，
兼顧外觀與美味的點心

材料

1 參照P.20派麵團的材料、作法的1～9。
2 將派麵團擀成3mm厚，20cmX35cm大的派皮後，切成6個5cmX15cm的塊。
3 放入200℃的烤箱內烘烤15～20分鐘。
4 在烤好的派皮上按照喜好擠奶油，點綴裝飾。

多種奶油&頂部裝飾

草莓&香草奶油

材料（易製作的分量）
鮮奶油…200g
細砂糖…15g
香草精…少許
頂部裝飾
草莓…適量

作法
將材料放入碗中打至八分發即可。

巧克力&咖啡奶油

材料（易製作的分量）
鮮奶油…200g
蘭姆酒…1小匙
即溶咖啡…5g
細砂糖…20g
頂部裝飾
巧克力…適量

作法
1 將咖啡和蘭姆酒放入碗中，充分混合攪拌。
2 鮮奶油加細砂糖打至八分發。

藍莓&草莓卡士達醬

材料
（易製作的分量）
卡士達醬…材料、作法參照P.45（約500g）
草莓醬…160g
頂部裝飾
藍莓…適量

作法
將卡士達醬和草莓醬混合攪拌。

混合莓&堅果卡士達醬

材料
（易製作的分量）
卡士達醬…材料、作法參照P.45（約500g）
核桃…100g
頂部裝飾
混合莓…適量

作法
將卡士達醬和切碎的核桃混合攪拌。

果子塔

材料
（直徑18cm的果子塔模具1個份）
低筋麵粉…100g
無鹽奶油…50g
雞蛋…15g
細砂糖…30g

事前準備
- 低筋麵粉過篩。
- 奶油室溫軟化。
- 雞蛋攪散。
- 烤箱預熱至180℃。

➡ 詳細步驟參照P.28

1 奶油攪打成乳狀後加入細砂糖

奶油攪打成乳狀。分2次加入細砂糖充分攪拌。

2 加入雞蛋

分次加入雞蛋充分攪拌。

3 加入低筋麵粉

加入所有的低筋麵粉，切拌。

4 製成麵團後放入冰箱冷藏

用橡膠刮刀攪拌麵團直至看不到麵粉，用保鮮膜包裹麵團放入冰箱冷藏30分鐘以上。

5 擀麵團

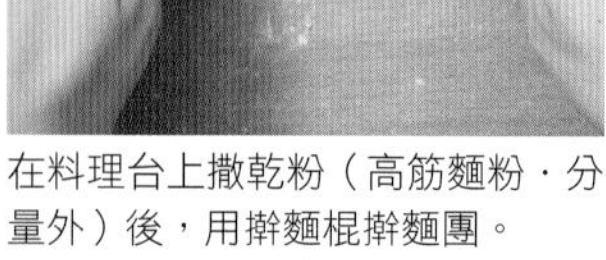

在料理台上撒乾粉（高筋麵粉．分量外）後，用擀麵棍擀麵團。

6 擀成圓形

將麵團來回擀成圓形。

7

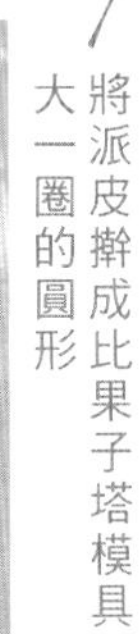
將派皮擀成比果子塔模具大一圈的圓形

將派皮擀成比果子塔模具大一圈的圓形，將模具放在派皮上確認大小。

↓

8 將派皮鋪在模具裡

用擀麵棍將派皮卷起來後，在模具上滾過鋪開。

↓

9 鋪好派皮後切掉多餘的部分

將派皮緊密鋪在模具底部、橫邊之後，用擀麵棍將多餘的派皮切掉。

10 用叉子戳孔

用叉子在派皮底部戳孔，包裹保鮮膜放入冰箱冷藏1小時左右。

↓

11 表面鋪一層烘焙紙後放重物烘烤

鋪重物放入180℃的烤箱內烘烤約15分鐘。再去掉烘焙紙和重物後用170℃烘烤約10分鐘。

↓

12 烤好後散熱放涼

烤好後脫模放在蛋糕架上散熱放涼。

草莓塔

Strawberry tarte

裝飾得滿滿的奶油
搭配新鮮水果，
讓人眼前一亮的華麗甜點

牛奶
低筋麵粉
香草精
莓類
細砂糖
奶油
蛋黃
玉米澱粉
鮮奶油
低筋麵粉
雞蛋
奶油
細砂糖
細砂糖

材料
（直徑18cm的果子塔模具1個份）
低筋麵粉…100g
無鹽奶油…50g
雞蛋…15g
細砂糖…30g
打泡奶油
鮮奶油…60g
細砂糖…1小匙
卡士達醬
（約500g，參照P.45）
低筋麵粉…15g
玉米澱粉…15g
蛋黃…3個
細砂糖…60g
牛奶…360ml
無鹽奶油…15g
香草精…少許
裝飾
莓類…各適量

事前準備
- 低筋麵粉過篩。
- 奶油室溫軟化。
- 雞蛋攪散。
- 卡士達醬中的低筋麵粉和玉米澱粉混合後過篩。
- 烤箱預熱至180℃。
- 擠花袋搭配直徑1cm的圓口擠花嘴。

果子塔麵團的作法（參照P.26）
1 碗中放入奶油，攪打成乳狀。
2 分2次加入細砂糖充分攪拌。
3 分次加入雞蛋充分攪拌。
4 一次性加入所有的低筋麵粉，用橡膠刮刀切拌至看不見粉類。
5 用保鮮膜包裹麵團，擀成約1cm厚放入冰箱冷藏30分鐘以上。
6 在料理台上撒乾粉（高筋麵粉・分量外）後，用擀麵棍將派皮擀成比果子塔模具大一圈的圓形，再將派皮緊密鋪入模具，用叉子在派皮底部戳孔。包裹保鮮膜放入冰箱冷藏1小時左右後，鋪重物放入180℃的烤箱內烘烤約15分鐘。再去掉烘焙紙和重物後用170℃烘烤約10分鐘。烤好後脫模放在蛋糕架上散熱放涼。

表面裝飾
1 將攪拌順滑的卡士達醬與打泡奶油混合。
2 將1中的奶油擠入麵團中，點綴莓類。用濾茶網撒上糖粉（分量外）。

打泡奶油的作法
碗中放入鮮奶油和細砂糖打至八分發即可（參照P.5）。

卡士達醬的作法（參照P.45）
1 鍋中放入牛奶和一半量的細砂糖，中火加熱至即將煮沸後關火。
2 碗中放入蛋黃和剩餘的細砂糖攪拌後，再加入粉類。
3 分次加入1混合攪拌，用濾網過濾後放回鍋中，中火加熱，快速攪拌，直至變成稠糊狀。
4 倒入碗中，加入奶油和香草精充分攪拌，用保鮮膜封住後放入冰水中散熱放涼。

多種頂部裝飾

新鮮水果&卡士達醬

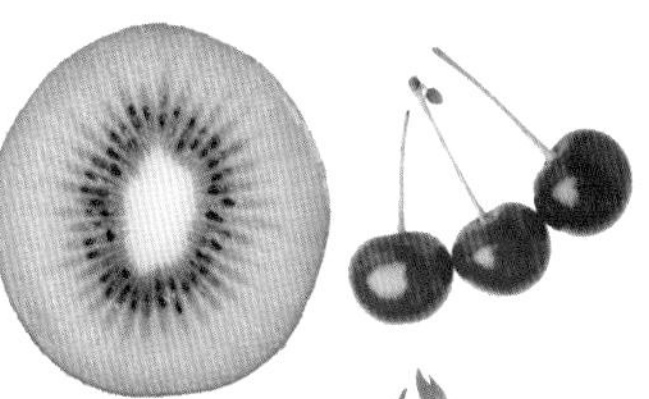

材料
（易製作的分量）
卡士達醬…材料、
　作法參照P.45（約500g）
頂部裝飾
新鮮水果…適量

甜奶油&草莓

材料
（易製作的分量）
鮮奶油…200g
奶油醬汁…60g
頂部裝飾
草莓…適量

作法
將鮮奶油放入碗中打至八分發。加入奶油醬汁混合攪拌即可。

巧克力卡士達醬&香蕉

材料
（易製作的分量）
卡士達醬…材料、作法
　參照P.45（約500g）
甜巧克力…80g
頂部裝飾
香蕉…適量

作法
卡士達醬隔水加熱，再加入融化的巧克力混合攪拌。

多種餡料

櫻桃塔

材料（直徑18cm的果子塔模具1個份）
雞蛋…1.5個
細砂糖…60g
鮮奶油…80g
牛奶…40ml
黑櫻桃（罐頭）…200g

作法
參照P.28果子塔麵團的作法乾烤麵團。
1 碗中放入雞蛋打散，再加入細砂糖攪拌均勻。
2 加入鮮奶油和牛奶攪拌均勻後過濾。
3 將櫻桃放入乾烤好的果子塔皮中再倒入步驟2，放入180℃的烤箱內烘烤約30分鐘。

洋梨塔

材料
（直徑18cm的
果子塔模具1個份）
無鹽奶油…60g
細砂糖…50g
雞蛋…1個
杏仁粉…60g
洋梨（半塊式罐頭）…3個

作法
參照P.28果子塔麵團的作法。
1 碗中放入奶油，攪打成乳狀後加入細砂糖攪打至變白。
2 分3或4次加入雞蛋充分攪拌後加入杏仁粉。
3 將果子塔麵團鋪入模具中後放入2，再將切片的洋梨呈放射狀擺放，放入180℃的烤箱內烘烤40～45分鐘。

鹹派

Quiche

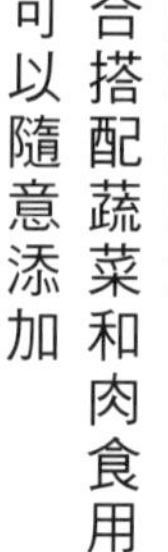

略帶鹹味的鹹派
最適合搭配蔬菜和肉食用。
裡面可以隨意添加
當季的新鮮蔬菜

牛奶　冷水　鮮奶油　菠菜　低筋麵粉　高筋麵粉　起司　培根　奶油　鹽　雞蛋　鹽　肉豆蔻　胡椒

材料
（直徑18cm的果子塔模具1個份）

麵團
- 低筋麵粉…50g
- 高筋麵粉…50g
- 無鹽奶油…55g
- 鹽…1/2小匙
- 冷水…50ml

餡料
- 雞蛋…1個
- 牛奶…60ml
- 鮮奶油…60g
- 鹽、胡椒…各少許
- 肉豆蔻…少許

食材
- 菠菜…100g
- 培根…30g
- 加工乾酪…60g

事前準備
- 低筋和高筋麵粉混合後過篩，放入冰箱內冷藏。
- 烤箱預熱至200℃。
- 菠菜煮後切3cm長。
- 培根切1cm的寬。
- 起司磨碎。
- 將餡料的所有材料混合。

作法
1. 碗中放入麵粉，將奶油粗略切碎後放入其中，手動混合。
2. 粉類中間挖一個洞，放入鹽，分3次加入冷水，用刮刀將粉類揉成麵團。
3. 將麵團一分為二後揉合，再一分為二再揉合（共計3次），放入冰箱內冷藏30分鐘以上。
4. 將麵團擀得比模具大一圈後鋪入模具中，撒上菠菜、培根、起司，倒入餡料後，放入200℃的烤箱內烘烤約30分鐘。

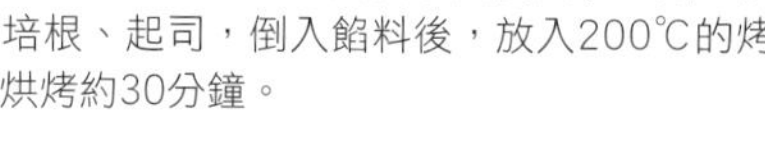

多種餡料

番茄鹹派

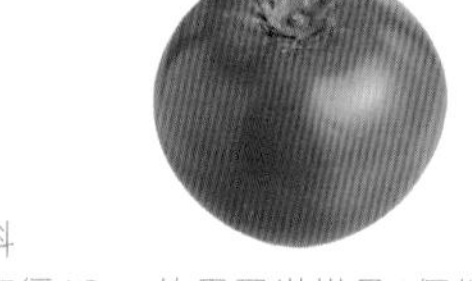

材料
（直徑18cm的果子塔模具1個份）

餡料
- 雞蛋…1個
- 牛奶…30ml
- 鮮奶油…80g
- 鹽、胡椒…各少許
- 肉豆蔻…少許

食材
- 培根…50g
- 加工乾酪…50g
- 龍鬚菜…3根
- 小番茄…4個
- 帕爾馬乾酪…20g

事前準備
- 將餡料的所有材料混合。
- 培根、加工乾酪切成1cm的塊狀。
- 龍鬚菜用保鮮膜包裹後以微波爐（600W）加熱1分鐘後切成1cm長。
- 小番茄對半切。
- 烤箱預熱至180℃。

作法
參照鹹派作法的1～3。
1. 將培根、加工乾酪、龍鬚菜放入乾烤好的麵團中，倒入餡料。
2. 撒上小番茄、帕爾馬乾酪，放入180℃的烤箱內烘烤約30分鐘。

迷你塔

Tartelettes

小巧的果子塔
卻能享受到多種餡料的美味

材料、作法（5cm的迷你塔模具10個份）
參照P.26果子塔麵團的材料、作法

1 將果子塔麵團擀成3mm厚，鋪在迷你塔模具裡。
2 壓重物放入180℃預熱的烤箱裡烘烤約15分鐘。
3 在烤好的果子塔裡按照喜好擠奶油，點綴裝飾。

多種頂部裝飾

腰果&蜂蜜檸檬奶油

材料
（易製作的分量）
A｜鮮奶油…200g
　｜蜂蜜…20g
檸檬皮（國產）…1/2個
頂部裝飾
腰果…適量

作法
將A放入碗中打至八分發。加入磨碎的檸檬皮混合攪拌即可。

櫻桃&巧克力奶油

材料
（易製作的分量）
鮮奶油…200g
甜巧克力…60g
頂部裝飾
櫻桃…適量

作法
1 鍋中放入60g鮮奶油煮沸。
2 碗中放入切碎的巧克力，加入1攪拌至順滑。
3 加入剩餘的鮮奶油打至八分發即可。

柳橙&奶油起司

材料（易製作的分量）
奶油起司…適量
柳橙…適量

作法
將奶油起司和切好的柳橙放在果子塔麵團上即可。

藍莓&卡士達醬

材料
（易製作的分量）
卡士達醬…材料、作法參照P.45（約500g）
頂部裝飾
藍莓…適量

雪球

材料（約40個份）
低筋麵粉…100g
杏仁粉…50g
無鹽奶油…100g
鹽…1小撮
糖粉…40g

事前準備
- 低筋麵粉和杏仁粉混合後過篩。
- 奶油室溫軟化。
- 烤箱預熱至180℃。
- 烤盤中鋪一張烘焙紙。

← 詳細步驟參照P.41

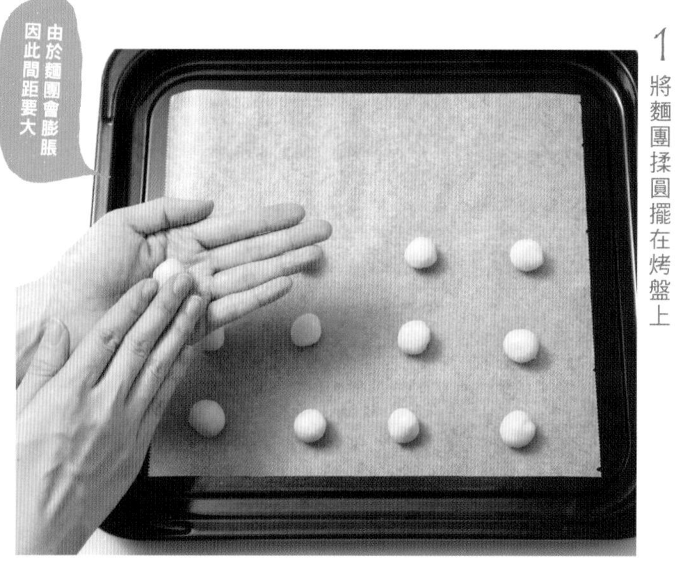

1 將麵團揉圓擺在烤盤上

參照P.41雪球的作法製作麵團，用手揉圓後，間隔較大距離擺在烤盤上。放入180℃的烤箱內烘烤約15分鐘。

↓

2 裹上糖粉

烤好後稍微放涼，即可放入塑膠袋內裹上糖粉（分量外）。

模型餅乾

材料（約50個份）
低筋麵粉…200g
無鹽奶油…100g
雞蛋…30g
細砂糖…80g

事前準備
●低筋麵粉過篩。
●奶油室溫軟化。
●雞蛋攪散。
●烤箱預熱至180℃。
●烤盤中鋪一張烘焙紙。

← 詳細步驟參照P.36、P.37

1 奶油攪打成乳狀

碗中放入奶油用打蛋器攪打成乳狀。

↓

2 加入細砂糖

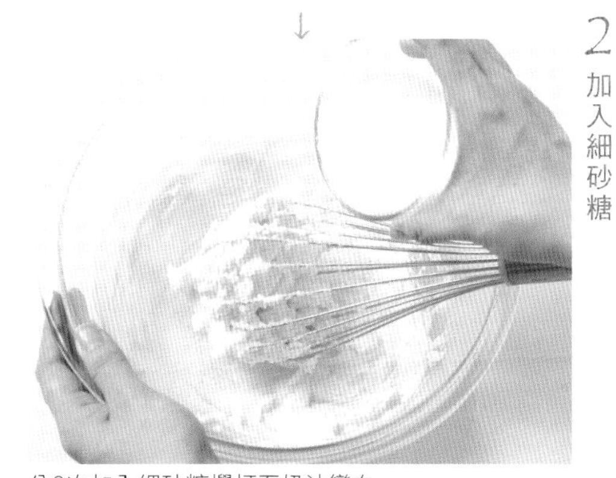

分3次加入細砂糖攪打至奶油變白。

↓

3 加入雞蛋

分次加入雞蛋充分攪拌。

4 加入低筋麵粉

加入所有的低筋麵粉用橡膠刮刀切拌。

↓

5 攪拌至看不到粉類

用橡膠刮刀攪拌至看不到粉類。

↓

6 用保鮮膜包住後放入冰箱冷藏

用保鮮膜包住放入冰箱冷藏30分鐘以上。切成喜歡的形狀烘烤（參照P.36）。

滴餅乾

Drop cookies

將材料攪拌至順滑後，用湯匙隨意滴到烤盤即可製作完成的簡單甜品。每一塊外形都略有不同，無疑是它的魅力所在

材料（約30個份）
低筋麵粉…160g
泡打粉…1/2小匙
無鹽奶油…70g
雞蛋…1個
起酥油…60g
鹽…1小撮
細砂糖…100g
巧克力碎…100g

事前準備
- 低筋麵粉和泡打粉混合後過篩。
- 奶油室溫軟化。
- 雞蛋攪散。
- 烤箱預熱至180℃。
- 烤盤上鋪一張烘焙紙。

作法
1. 碗中放入奶油、起酥油、鹽，攪打至乳狀。
2. 分3次加入細砂糖攪打至變白。
3. 分次加入雞蛋充分攪拌。
4. 倒入巧克力碎後用橡膠刮刀充分混合。
5. 加入所有的粉類用橡膠刮刀切拌。
6. 用湯匙將麵糊滴在烤盤上，放入180℃的烤箱內烘烤15～20分鐘。

起司粉

材料、作法
（約30個份）
參照P.34滴餅乾的作法。將4中的巧克力碎替換成80g起司粉即可。

穀類

材料、作法
（約30個份）
參照P.34滴餅乾的作法。將4中的巧克力碎替換成80g穀類即可。

花生奶油

材料、作法
（約30個份）
參照P.34滴餅乾的作法。將4中的巧克力碎替換成80g花生奶油即可。

無花果乾

材料、作法
（約30個份）
參照P.34滴餅乾的作法。將4中的巧克力碎替換成100g切碎的無花果乾即可。

核桃

材料、作法
（約30個份）
參照P.34滴餅乾的作法。將4中的巧克力碎替換成80g核桃即可。

檸檬皮

材料、作法
（約30個份）
參照P.34滴餅乾的作法。將4中的巧克力碎替換成100g檸檬皮即可。

杏仁片

材料、作法
（約30個份）
參照P.34滴餅乾的作法。將4中的巧克力碎替換成80g切碎的杏仁片即可。

香草

材料、作法
（約30個份）
參照P.34滴餅乾的作法。將4中的巧克力碎替換成30g香草即可。

混合水果乾

材料、作法
（約30個份）
參照P.34滴餅乾的作法。將4中的巧克力碎替換成100g混合水果乾即可。

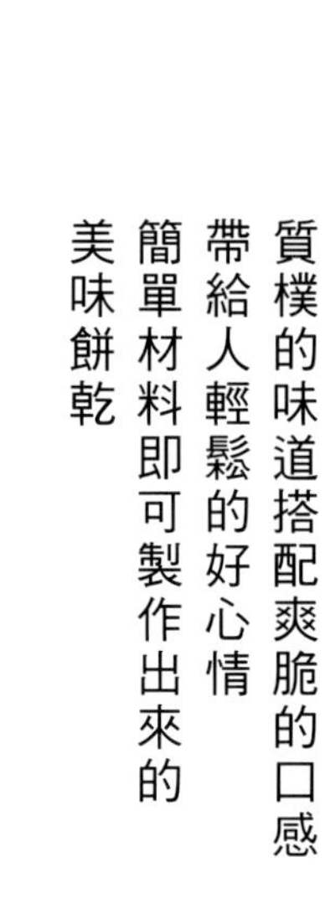

模型餅乾

Formed cookies

質樸的味道搭配爽脆的口感
帶給人輕鬆的好心情
簡單材料即可製作出來的
美味餅乾

低筋麵粉

材料（約50個份）
低筋麵粉…200g
無鹽奶油…100g
雞蛋…30g
細砂糖…80g

事前準備
- 低筋麵粉過篩。
- 奶油室溫軟化。
- 雞蛋攪散。
- 烤箱預熱至180℃。
- 烤盤上鋪一張烘焙紙。

作法（參照P.33）
1. 碗中放入奶油，用打蛋器攪打成乳狀。
2. 分3次加入細砂糖，攪打至奶油變白。
3. 分次加入雞蛋，充分攪拌。
4. 一口氣加入所有的低筋麵粉，用橡膠刮刀切拌。
5. 用保鮮膜包住，放入冰箱冷藏30分鐘以上。
6. 料理台上撒乾粉（高筋麵粉．分量外）後，用擀麵棍將麵團擀成5mm厚的麵皮，再用餅乾模具塑形，放入180℃的烤箱內烘烤約15分鐘。

可可麵團

材料（約50個份）
低筋麵粉…160g
可可粉…40g
無鹽奶油…100g
細砂糖…80g
雞蛋…30g

事前準備
- 低筋麵粉和可可粉混合後過篩。

作法
參照模型餅乾的作法。

牛奶麵團

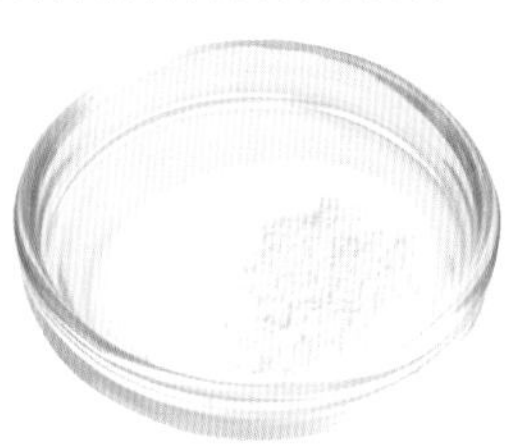

材料（約50個份）
低筋麵粉…180g
脫脂奶粉…30g
無鹽奶油…100g
細砂糖…80g
雞蛋…1個

事前準備
- 低筋麵粉和脫脂奶粉混合後過篩。

作法
參照模型餅乾的作法。

多種砂糖

上白糖

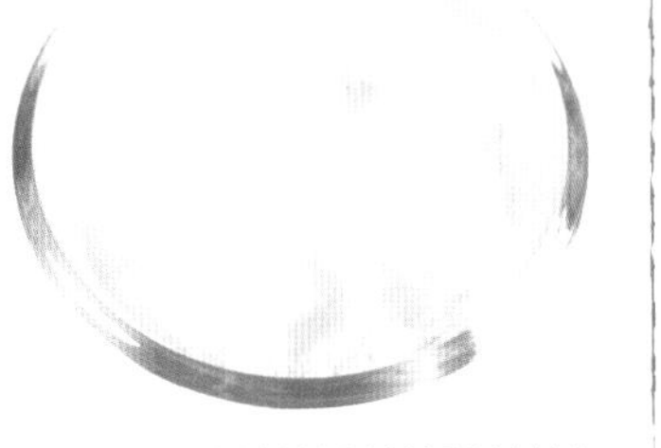

吸水性、吸熱性俱佳，因此製成的餅乾柔軟濕潤，且易上烤色。

三溫糖

甜味溫和略帶澀味，製成的餅乾柔軟濕潤。

黑砂糖

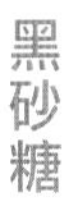

甘蔗榨汁熬煮而成。製成的餅乾顏色深沉、味道濃郁。製作餅乾時，使用糖粉更為便利。

多種麵粉

全麥粉

不去皮和胚芽磨製而成的小麥粉。保留小麥原本的香味，口感略粗糙。

粳米粉

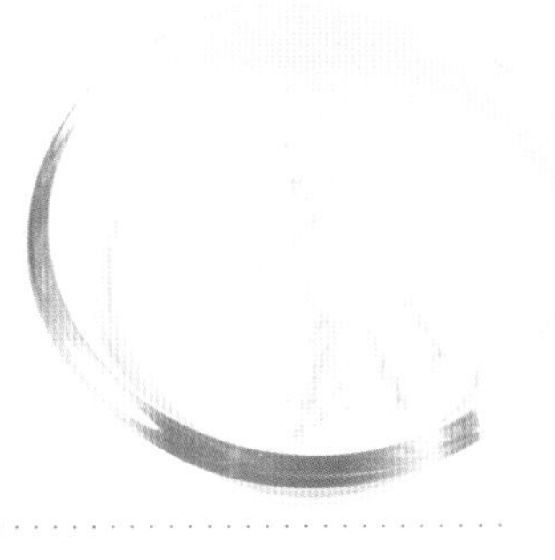

粳米製成的粉，因此與小麥粉製成的餅乾相比口感更清爽。口感略粗糙且易掉渣。

黃豆粉

用炒大豆磨成的粉。若將製作餅乾中一般的麵粉改為黃豆粉，則更具日式風味。

多種餅乾夾心

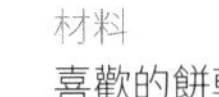

藍莓醬夾心

材料
喜歡的餅乾…適量
藍莓醬…適量

作法
在餅乾上塗抹藍莓醬後，蓋上另一片餅乾。

酸味奶油夾心

材料
喜歡的餅乾…適量
酸味奶油…適量

作法
在餅乾上塗抹酸味奶油後，蓋上另一片餅乾。

花生奶油夾心

材料
喜歡的餅乾…適量
花生奶油…適量

作法
在餅乾上塗抹花生奶油後，蓋上另一片餅乾。

凍餅乾

Icebox cookies

原味與可可2色麵團
打造多種形狀的美味餅乾
用來做禮物再適合不過

材料（約50個份）

可可麵團
低筋麵粉…160g
可可粉…40g
無鹽奶油…120g
雞蛋…1個
細砂糖…80g
鹽…1小撮

原味麵團
低筋麵粉…200g
無鹽奶油…120g
雞蛋…1個
細砂糖…80g
鹽…1小撮

事前準備
- 低筋麵粉和可可粉分別過篩。
- 奶油室溫軟化。
- 雞蛋攪散。
- 烤箱預熱至180℃。

作法
1 碗中放入奶油和鹽，攪打至乳狀。
2 分3次加入細砂糖，攪打至白色。
3 分次加入雞蛋，充分混合攪拌。
4 一口氣加入所有的低筋麵粉，用橡膠刮刀切拌均勻（可可麵團在此時加入可可粉，攪拌均勻）。
5 用保鮮膜包裹麵團，放入冰箱內冷藏30分鐘以上。
6 參照P.39將麵團做成喜歡的形狀，放入180℃的烤箱內烘烤約15分鐘。

多種材料

格雷伯爵茶麵團

材料（約50個份）
低筋麵粉…200g
無鹽奶油…100g
細砂糖…80g
雞蛋…1個
紅茶茶葉…5g

作法
參照凍餅乾的作法。在4中將低筋麵粉和切碎的紅茶茶葉一同加入。

堅果麵團

材料（約50個份）
低筋麵粉…150g
無鹽奶油…100g
細砂糖…60g
雞蛋…1/2個
混合堅果…60g

作法
參照凍餅乾的作法。在4中將低筋麵粉和切碎的混合堅果一同加入。

裹糖

1 在麵團上撒糖粉

先將糖粉撒在烘焙紙上，再在上面將麵團搓成棒狀。

2 切片

將麵團切成7mm厚的圓片，放在烤箱內烘烤。

漩渦狀

1 將2種麵團重疊卷起

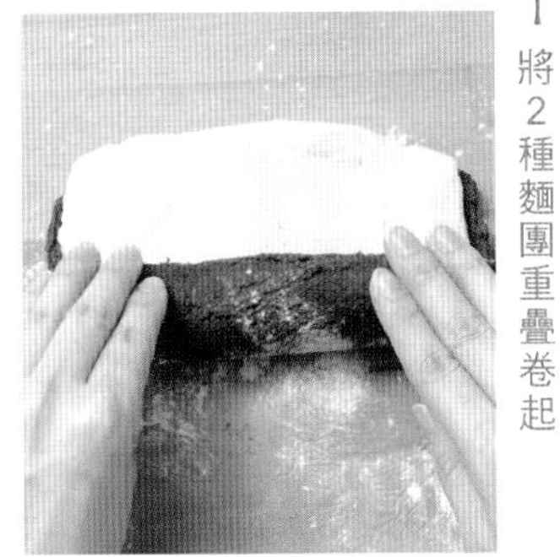

製作原味、可可2種麵團，分別擀成15cm的正方形後重疊卷起。

2 放入冰箱內冷藏後切片

用保鮮膜包裹後冷藏。切成7mm厚的圓片放入烤箱內烘烤。

方格狀

1 將條狀的麵團重疊

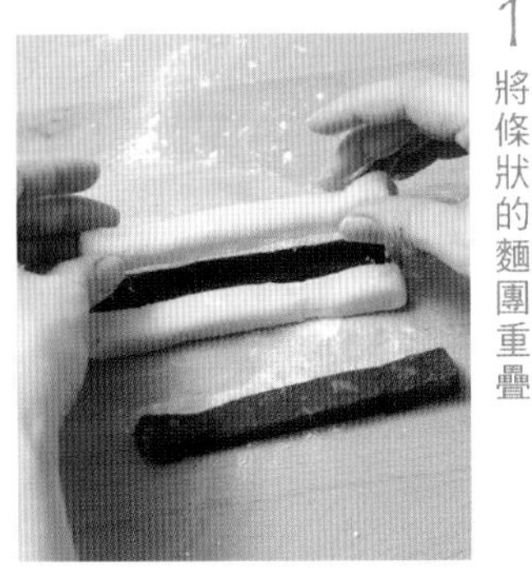

製作原味、可可2種麵團，分別切成1cm寬、15cm長的條狀後重疊放置。

2 放入冰箱內冷藏後切片

用保鮮膜包裹後冷藏。切成7mm厚的圓片放入烤箱內烘烤。

多種裹料

杏仁片

材料
杏仁片…適量

作法
烘焙紙上撒切碎的杏仁片，將其裹在棒狀麵團的側面。

粗糖

材料
粗糖…適量

作法
烘焙紙上撒粗糖，將其裹在棒狀麵團的側面。

椰蓉

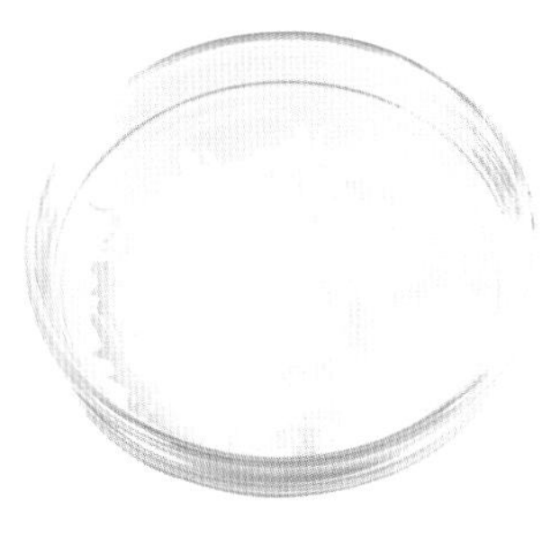

材料
椰蓉…適量

作法
烘焙紙上撒椰蓉，將其裹在棒狀麵團的側面。

擠花餅乾

Piping cookies

只要將麵糊從擠花袋擠出即可製作出的精美甜品。鬆脆的口感讓人欲罷不能

材料（約50個份）

低筋麵粉…180g
無鹽奶油…120g
雞蛋…1個
細砂糖…70g

事前準備

- 低筋麵粉過篩。
- 奶油室溫軟化。
- 雞蛋攪散。
- 烤箱預熱至180℃。
- 烤盤上鋪一張烘焙紙。
- 擠花袋搭配星形擠花嘴。

作法

1. 碗中放入奶油攪打至乳狀。
2. 分2次加入細砂糖，攪打至白色。
3. 分次加入雞蛋攪拌。
4. 一口氣加入所有的低筋麵粉，用橡膠刮刀切拌。
5. 將麵糊裝入擠花袋中，擠出自己喜歡的形狀，放入180℃的烤箱內烘烤約10分鐘。

多種麵團

肉桂麵團

材料（約50個份）

低筋麵粉…180g
肉桂粉…1小匙
無鹽奶油…120g
雞蛋…1個
細砂糖…70g

事前準備

- 低筋麵粉和肉桂粉混合後過篩。

作法

參照擠花餅乾的作法即可。

抹茶麵團

材料（約50個份）

低筋麵粉…180g
抹茶粉…2小匙
無鹽奶油…120g
雞蛋…1個
細砂糖…70g

事前準備

- 低筋麵粉和抹茶粉混合後過篩。

作法

參照擠花餅乾的作法即可。

可可麵團

材料（約50個份）

低筋麵粉…160g
可可粉…20g
無鹽奶油…120g
雞蛋…1個
細砂糖…70g

事前準備

- 低筋麵粉和可可粉混合後過篩。

作法

參照擠花餅乾的作法即可。

雪球

Snowballs

烤好的小麵團上裹上一層糖粉，即可做成宛如雪球一般精美小巧的甜品

材料（約40個份）
低筋麵粉…100g
杏仁粉…50g
無鹽奶油…100g
鹽…1小撮
糖粉…40g

事前準備
- 低筋麵粉和杏仁粉混合後過篩。
- 奶油室溫軟化。
- 烤箱預熱至180℃。
- 烤盤上鋪一張烘焙紙。

作法
1 碗中放入奶油和鹽，攪打至乳狀。
2 分2次加入細砂糖，攪打至白色。
3 一口氣加入所有的麵粉，用橡膠刮刀切拌，用保鮮膜包裹後放入冰箱內，冷藏30分鐘以上。
4 將麵團搓成1cm大小的團子，間隔較大距離擺在烤盤上，放入180℃的烤箱內烘烤約15分鐘（參照P.32）。
5 稍微放涼後裝入塑膠袋內，撒入糖粉（分量外）即可（參照P.32）。

多種麵團

抹茶麵團

材料（約40個份）
低筋麵粉…100g
杏仁粉…50g
抹茶粉…2小匙
無鹽奶油…100g
鹽…1小撮
糖粉…40g

事前準備
- 低筋麵粉、杏仁粉、抹茶粉混合後過篩。

作法
參照雪球的作法即可。

黃豆粉麵團

材料（約40個份）
低筋麵粉…100g
黃豆粉…25g
無鹽奶油…100g
鹽…1小撮
糖粉…40g

事前準備
- 低筋麵粉、黃豆粉混合後過篩。

作法
參照雪球的作法即可。

可可麵團

材料（約40個份）
低筋麵粉…100g
杏仁粉…40g
可可粉…15g
無鹽奶油…100g
鹽…1小撮
糖粉…40g

事前準備
- 低筋麵粉、杏仁粉、可可粉混合後過篩。

作法
參照雪球的作法即可。

奶油酥餅

Shortbread

只要將麵團鋪在模具裡
即可製作的大型餅乾
要趁熱切好哦！

多種材料

蔓越莓

材料、作法
（直徑16cm的果子塔模具1個份）
參照奶油酥餅的作法。在3中將粉類和50g切碎的蔓越莓一同放入即可。

夏威夷果

材料、作法
（直徑16cm的果子塔模具1個份）
參照奶油酥餅的作法。在3中將粉類和50g切碎的夏威夷果一同放入即可。

檸檬皮

材料、作法
（直徑16cm的果子塔模具1個份）
參照奶油酥餅的作法。在3中將粉類和50g檸檬皮一同放入即可。

材料
（直徑16cm的果子塔模具1個份）
低筋麵粉…70g
粳米粉…10g
無鹽奶油…50g
起酥油…10g
鹽…1小撮
細砂糖…25g

事前準備
- 低筋麵粉和粳米粉混合後過篩。
- 奶油室溫軟化。
- 烤箱預熱至180℃。
- 模具上塗抹奶油（無鹽・分量外）。

作法
1. 碗中放入奶油、起酥油和鹽，攪打至乳狀。
2. 分2次加入細砂糖，充分混合攪拌。
3. 一口氣加入所有的麵粉，用橡膠刮刀切拌。
4. 用保鮮膜包裹後放入冰箱內，冷藏30分鐘以上。
5. 在料理台上撒乾粉（高筋麵粉・分量外）後，用擀麵棍將麵團擀平，放入模具內用叉子戳孔，放入180℃的烤箱內烘烤約20分鐘。
6. 趁熱用刀切開。

義大利脆餅

Biscotti

餅乾的切面展露出內裡豐富的堅果與水果乾

材料（約12個份）

低筋麵粉…120g
泡打粉…1/2小匙
杏仁…20g
雞蛋…1個
細砂糖…60g
水果乾…適量

事前準備

- 低筋麵粉和泡打粉混合後過篩。
- 杏仁用烤箱烘烤2～3分鐘。
- 雞蛋攪散。
- 烤盤上鋪一張烘焙紙。
- 烤箱預熱至180℃。

作法

1. 碗中放入麵粉和細砂糖，用橡膠刮刀攪拌。
2. 加入杏仁、水果乾和雞蛋後攪散。
3. 揉成麵團後做成雞蛋形。
4. 擺在烤盤上，放入180℃的烤箱內烘烤約20分鐘，趁熱切成1cm的厚片，切口向上擺在烤盤上放入170℃的烤箱內烘烤約10分鐘，再翻面烘烤約10分鐘。

多種材料

無花果乾

材料、作法（約12個份）

參照義大利脆餅的作法。將2中的杏仁替換成40g切碎的無花果乾即可。

混合莓

材料、作法（約12個份）

參照義大利脆餅的作法。將2中的杏仁替換成40g混合莓即可。

碎巧克力

材料、作法（約12個份）

參照義大利脆餅的作法。將2中的杏仁替換成40g碎巧克力即可。

泡芙

泡芙皮

材料（12個份）
麵團
低筋麵粉…60g
水…90ml
無鹽奶油…50g
鹽…1小撮
雞蛋…2或3個

事前準備
- 低筋麵粉過篩。
- 雞蛋攪散。
- 擠花袋搭配直徑1cm的圓形擠花嘴。
- 烤盤上鋪一張烘焙紙。
- 烤箱預熱至200℃。

詳細步驟參照P.46

1 鍋中放入奶油、水、鹽加熱

融化奶油直至煮沸後關火。

2 加入低筋麵粉

一口氣加入所有的低筋麵粉，用木勺不斷攪拌，小火加熱30秒。

3 攪拌至沒有水分

不斷攪拌防止煮焦，等水分燒乾後關火。

4 加入雞蛋

分3或4次加入雞蛋，攪拌至提起木勺後麵糊呈倒三角形緩慢滴落。

5 將麵糊裝入擠花袋中

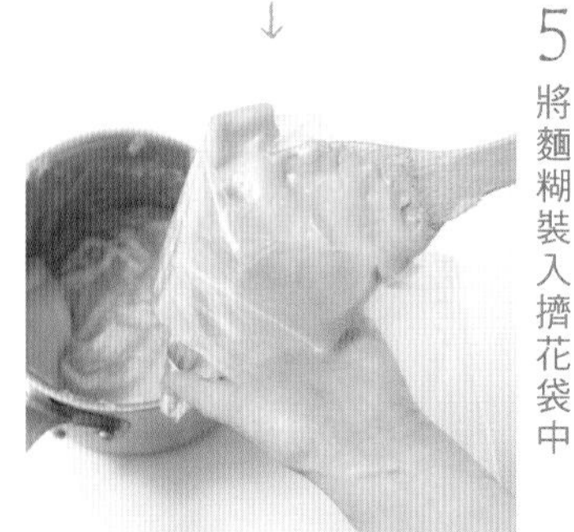

趁熱將麵糊裝入擠花袋內。

6 擠出麵糊，烘烤

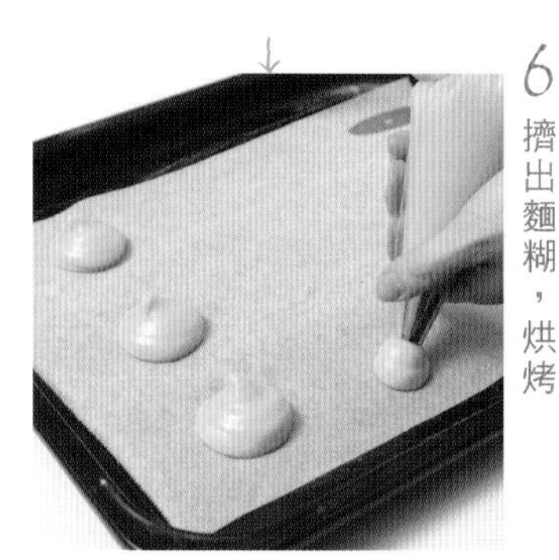

烤盤上鋪一張烘焙紙，在上面擠直徑4cm的麵糊，放入200℃的烤箱內烘烤20～25分鐘。

卡士達醬

材料

卡士達醬（約500g）

低筋麵粉…15g

玉米澱粉…15g

無鹽奶油…15g

蛋黃…3個

細砂糖…60g

牛奶…360ml

香草精…少許

事前準備

●低筋麵粉和玉米澱粉混合後過篩。

1 牛奶加一半量的細砂糖攪拌

鍋中放入牛奶和一半量的細砂糖，加熱至即將煮沸。

2 剩餘的細砂糖加入蛋黃中攪拌

碗中放入蛋黃和剩餘的細砂糖，充分攪拌。

3 加入粉類攪拌

加入粉類輕輕攪拌。

4 加入熱牛奶

加入熱牛奶充分攪拌。

5 過濾麵糊

用網篩過濾麵糊。

6 中火加熱至麵糊變黏稠

中火加熱，攪拌至麵糊變黏稠。

7 麵糊變黏稠後關火

麵糊變黏稠、有光澤後關火。

8 加入奶油和香草精

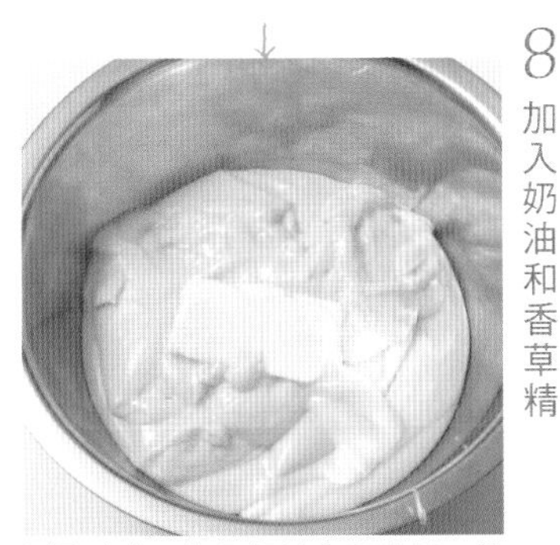

倒入碗中，加入奶油和香草精，用餘熱融化奶油並攪拌。

9 包裹保鮮膜後散熱放涼

用保鮮膜緊密封住奶油，放入冰水中散熱放涼。

奶油泡芙

薄脆的泡芙皮
搭配順滑的卡士達醬，
給予味覺至高無上的享受

材料（12個份）
麵團
低筋麵粉…60g
水…90ml
無鹽奶油…50g
鹽…1小撮
雞蛋…2或3個
打泡奶油
鮮奶油…100g
櫻桃白蘭地…1小匙
卡士達醬
低筋麵粉…15g
玉米澱粉…15g
無鹽奶油
…15g
蛋黃…3個
細砂糖…60g
牛奶…360ml
香草精…少許

事前準備
- 低筋麵粉過篩。
- 雞蛋攪散。
- 卡士達醬裡的低筋麵粉和玉米澱粉混合後過篩。
- 擠花袋搭配直徑1cm的圓形擠花嘴。
- 烤盤上鋪一張烘焙紙。
- 烤箱預熱至200℃。

卡士達醬的作法（參照P.45）
1 鍋中放入牛奶和一半量的細砂糖加熱至即將煮沸。
2 碗中放入蛋黃和剩餘的細砂糖，充分攪拌後加入粉類攪拌。
3 將1分次加入2中，再倒回鍋內加熱。快速攪拌，直至變為稠糊狀。
4 倒入碗中，加入奶油和香草精攪拌，用保鮮膜密封後放入冰水中散熱放涼。

打泡奶油的作法
鮮奶油打至八分發後，加入櫻桃白蘭地攪拌。

泡芙皮的作法（參照P.44）
1 鍋中放入奶油、水和鹽，用大火加熱。
2 奶油煮沸後關火，加入所有的低筋麵粉，用木勺不斷攪拌，小火加熱30秒後關火。
3 分3或4次加入雞蛋，攪拌至提起木勺後麵糊緩慢滴落。
4 將麵糊裝入擠花袋中，烤盤上鋪一張烘焙紙，在上面擠出直徑4cm大的麵糊，放入200℃的烤箱內烘烤20～25分鐘（麵糊熱的時候比較容易擠出，且做出的泡芙皮更易膨脹。烘烤過程中絕不能打開烤箱）。
5 烤好後取出散熱，在泡芙皮裡擠入奶油。

甜煮栗子&抹茶卡士達醬

材料（易製作的分量）
卡士達醬…材料、
作法參照P.45（約500g）
抹茶粉…2小匙
頂部裝飾
甜煮栗子…適量

作法
卡士達醬加入抹茶粉後，攪拌均勻即可。

白巧克力卡士達醬

材料
（易製作的分量）
卡士達醬…材料、
作法參照P.45
（約500g）
白巧克力…100g

作法
卡士達醬內加入白巧克力後，攪拌均勻即可。

茶味卡士達醬

材料
（易製作的分量）
卡士達醬…材料、
作法參照P.45（約500g）
紅茶茶葉…1大匙
白蘭地…1大匙
肉桂粉…1小匙

作法
卡士達醬加入紅茶茶葉、白蘭地、肉桂粉後攪拌均勻即可。

草莓&精製奶油

材料（易製作的分量）
鮮奶油…200g
煉乳…20g
白巧克力…60g
頂部裝飾
草莓…適量

作法
1 碗中放入切碎的巧克力，即將煮沸時加入60g鮮奶油。攪拌至順滑後放入冰箱內冷藏。
2 碗中加入剩餘的鮮奶油和煉乳，打至八分發。

香蕉&楓糖奶油

材料
（易製作的分量）
鮮奶油…200g
楓糖…30g
肉桂粉…5g
頂部裝飾
香蕉…適量

作法
碗中放入材料，打至八分發即可。

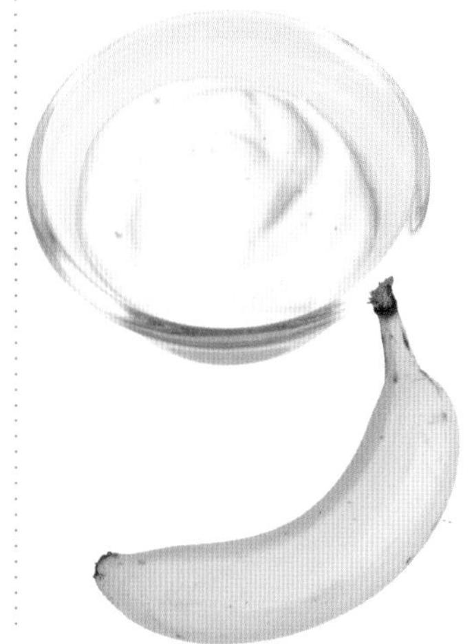

杏仁&摩卡卡士達醬

材料
（易製作的分量）
卡士達醬…材料、
作法參照P.45（約500g）
即溶咖啡…2大匙
熱水…1大匙
頂部裝飾
杏仁…適量

作法
用熱水衝開即溶咖啡，加入卡士達醬裡攪拌均勻即可。

脆薄空心馬芬蛋糕

Popover

中間帶有空洞的脆薄空心馬芬蛋糕
不論作為新鮮品嚐的食物
還是當做甜品
都有驚人的魅力

材料（直徑6cm、高5.5cm的布丁杯5個份）
低筋麵粉…50g
牛奶…100ml
雞蛋…1個
鹽…1小撮
沙拉油…1/2大匙

事前準備
- 杯子裡塗抹奶油（分量外）。
- 低筋麵粉過篩。
- 雞蛋攪散。
- 烤箱預熱至230℃。

作法
1. 碗中放入雞蛋、低筋麵粉和鹽，攪拌均勻。
2. 分3次加入牛奶攪拌均勻。
3. 加入沙拉油，攪成柔滑的麵糊。
4. 將麵糊倒至杯子的六分滿。
5. 擺在烤盤上，放入烤箱的下層，用230℃烘烤12～15分鐘（中途絕不能打開烤箱），再用170℃烘烤10～15分鐘。
6. 烤好後脫模散熱放涼。

草莓&混合莓&草莓醬

材料
草莓、混合莓、
草莓醬…各適量

作法
按照喜好放入泡芙皮中。

奶油起司&藍莓&蜂蜜

材料
奶油起司、藍莓、蜂蜜
…各適量

作法
按照喜好放入泡芙皮中。

香蕉&發泡奶油&肉桂糖

材料
香蕉、發泡奶油、
肉桂糖…各適量

作法
按照喜好放入泡芙皮中。

冰淇淋&杏仁&巧克力醬汁

材料
冰淇淋、杏仁、巧克力醬汁
…各適量

作法
按照喜好放入泡芙皮中。

混合豆沙拉

材料
喜歡的葉類蔬菜、混合豆
…各適量

作法
材料混合好後，按照喜好放入泡芙皮中。

培根沙拉

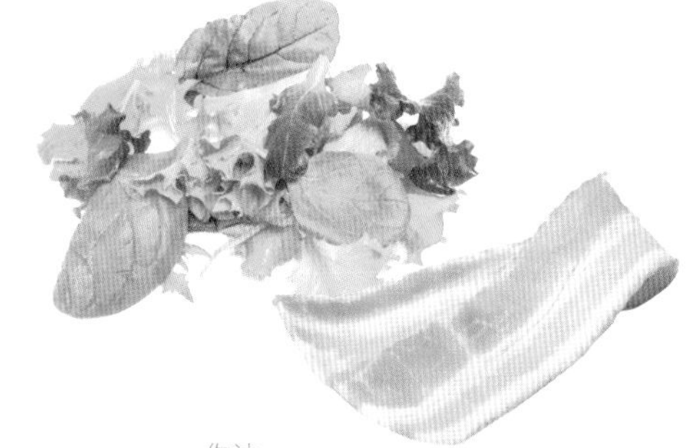

材料
喜歡的葉類蔬菜、
培根…各適量

作法
培根切成1cm的塊狀，放入平底鍋內炒熟。材料混合好後按照喜好放入泡芙皮中。

乳酪鹹泡芙

Gougere

烤過的起司香味
濃郁到讓人停不了嘴，
當做早飯再合適不過

材料（小40個份）
低筋麵粉…140g
雞蛋…4或5個
格魯耶爾乳酪
…150g
水…250ml
無鹽奶油
…120g
鹽、胡椒
…各少許
沙拉油…少許
蛋黃…1個

事前準備
- 低筋麵粉過篩。
- 雞蛋攪散。
- 起司磨碎。
- 烤盤上抹沙拉油。
- 烤箱預熱至200℃。

作法
1. 鍋中放入水、奶油、水、鹽和胡椒，加熱至即將煮沸。
2. 關火後加入所有的低筋麵粉，快速攪拌。
3. 分次加入雞蛋，攪拌至麵糊略軟後加入起司攪拌。
4. 用湯匙將麵糊舀在烤盤上，要間隔一定距離。
5. 保持麵糊形狀大體一致，用刷子塗抹蛋黃後放入200℃的烤箱內烘烤25～30分鐘。

多種材料

羅勒胡椒&腰果

材料、作法
（小40個份）
參照乳酪鹹泡芙的作法。在3中將50g切碎的腰果、10g羅勒胡椒連同起司一起放入。

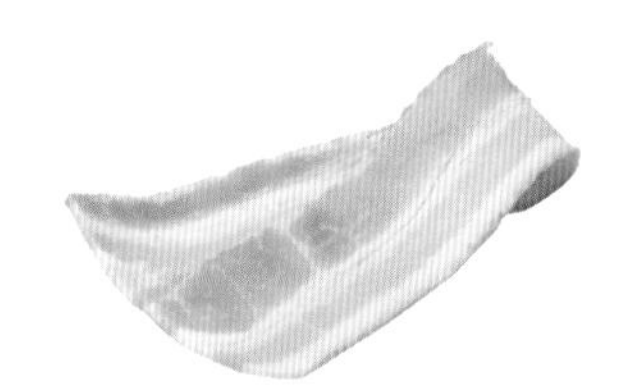

培根

材料、作法（小40個份）
參照乳酪鹹泡芙的作法。在3中將50g切成1cm的培根塊連同起司一起放入。

閃電泡芙

Eclair

棒狀的泡芙皮
用淋醬封住裡面塞滿的奶油

材料、作法
（長10cm12個份）

1. 參照P.44泡芙皮的材料、作法製作。
2. 做成長的泡芙皮，烤法與普通泡芙皮一樣。
3. 烤好後在泡芙皮中間豎切一刀，放涼。
4. 將喜歡的奶油擠入切口中，淋上淋醬。

巧克力閃電泡芙

巧克力卡士達醬

材料
（易製作的分量）
卡士達醬…材料、作法參照P.45（約500g）
甜巧克力…80g

作法
卡士達醬隔水加熱，再加入融化的巧克力混合攪拌。

巧克力淋醬

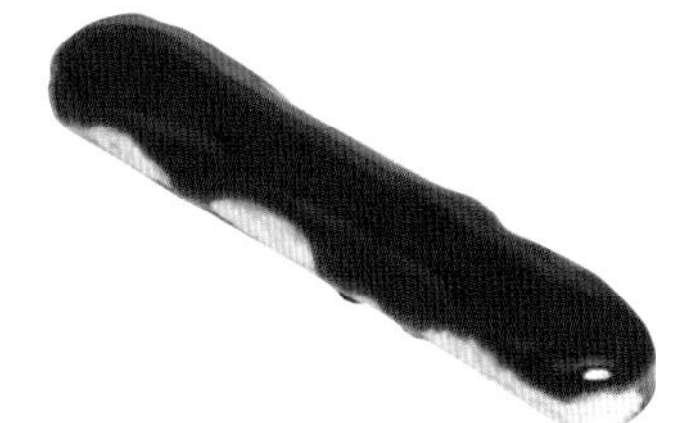

材料
（易製作的分量）
甜巧克力…50g
無鹽奶油…50g

作法
碗中放入切碎的巧克力和奶油，隔水加熱融化後，用湯匙淋在泡芙上。

摩卡閃電泡芙

摩卡卡士達醬

材料
（易製作的分量）
卡士達醬…材料、作法參照P.45（約500g）
即溶咖啡…2大匙
熱水…1大匙

作法
卡士達醬隔水加熱，再加入用熱水衝開的即溶咖啡混合攪拌。

多味摩卡

材料
（易製作的分量）
糖粉…100g
即溶咖啡…2小匙
熱水…1大匙

作法
用熱水衝開即溶咖啡和糖粉，用湯匙淋在泡芙上。

可麗餅・烤薄餅

材料
（直徑18cm8個份）
麵團
低筋麵粉…50g
無鹽奶油…15g
雞蛋…1個
細砂糖…20g
牛奶…150ml
沙拉油…少許

事前準備
- 低筋麵粉過篩。
- 奶油放入耐熱容器內，以微波爐（600W）加熱10秒左右。

詳細步驟參照P.54

1 將麵糊倒入平底鍋內

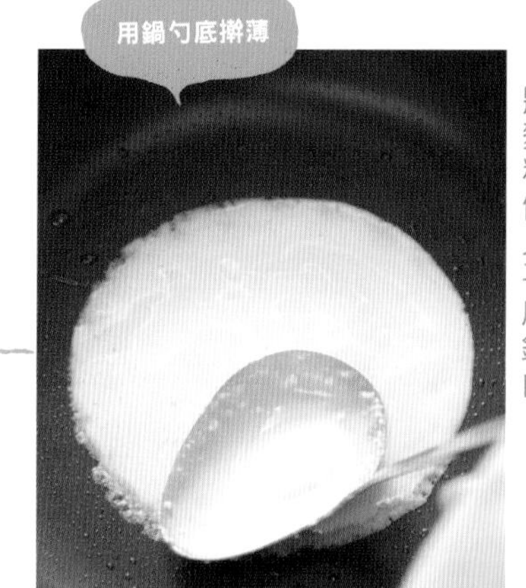

參照P.54中1～4的作法製作麵糊。加熱平底鍋後塗一層薄薄的沙拉油，倒入鍋勺一半量的麵糊，再用鍋勺底擀薄。

2 煎至邊緣變色

邊緣變色後用牙籤挑起四周。

3 翻面

翻面煎30秒左右。

烤薄餅

材料
（直徑12cm4個份）
麵團
- 低筋麵粉…200g
- 泡打粉…2小匙
- 無鹽奶油…30g
- 鹽…1小撮
- 雞蛋…2個
- 細砂糖…40g
- 牛奶…200ml
- 香草精…少許
- 沙拉油…少許

事前準備
- 低筋麵粉和泡打粉混合後過篩。
- 奶油放入耐熱容器內，以微波爐（600W）加熱20秒左右。

詳細步驟參照P.57

1 將麵糊倒入鍋內製作直徑12cm的圓餅

參照P.57中1～3的作法製作麵糊。中火加熱平底鍋後塗一層薄薄的沙拉油，倒入鍋勺一勺量的麵糊。

2 表面出現氣泡後翻面

表面出現氣泡後翻面。

3 烘烤反面

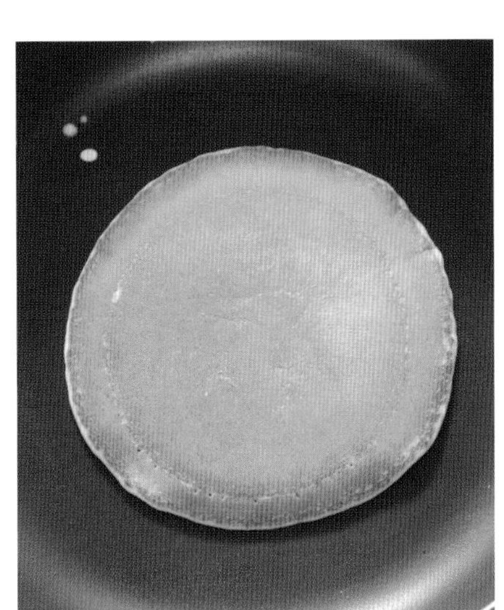

烤至另一面也出現烤色即可。

可麗餅

Crepe

用平底鍋
就能輕鬆製作的美味甜點。
隨心搭配奶油或水果

材料
（直徑18cm8個份）
麵團
低筋麵粉…50g
無鹽奶油…15g
細砂糖…20g
雞蛋…1個
牛奶…150ml
沙拉油…少許

裝飾
草莓…適量
巧克力醬汁…適量
糖粉…適量

事前準備
- 低筋麵粉過篩。
- 奶油放入耐熱容器內，以微波爐（600W）加熱10秒左右。

作法
1 碗中放入雞蛋攪散，快速攪拌後加入細砂糖混合。
2 加入低筋麵粉混合，再加入奶油攪拌。
3 分次加入牛奶混合攪拌。
4 包裹保鮮膜後放入冰箱內冷藏半天。
5 加熱平底鍋後塗一層薄薄的沙拉油，倒入鍋勺一半量的麵糊，再用鍋勺底擀薄。邊緣變色後用牙籤剝開四周翻面，煎30秒左右（參照P.52）。

椰子醬汁

材料（易製作的分量）

A 牛奶…200ml
玉米澱粉…12g
椰子粉…30g
細砂糖…50g

椰蓉…適量

作法

鍋中放入A加熱，用木鏟攪拌。黏稠後關火放涼，需要淋在可麗餅上時撒上椰蓉。

覆盆子醬汁

材料（易製作的分量）

覆盆子…100g
細砂糖…25g

作法

1 小鍋中放入覆盆子和細砂糖，中火加熱。
2 煮沸後關火。

奶油醬汁

材料（易製作的分量）

鮮奶油…100g
水…2大匙
細砂糖…100g

作法

1 小鍋中放入水和細砂糖加熱。糖水稍微變色前，不要去攪動或晃動鍋子。
2 另起一個鍋煮鮮奶油。
3 1中的細砂糖溶解並變成深褐色後關火，加入2的熱鮮奶油中攪拌。

抹茶冰淇淋&黃豆粉奶油

材料（易製作的分量）

鮮奶油…200g
三溫糖…20g
黃豆粉…50g

頂部裝飾

抹茶冰淇淋…適量

作法

碗中放入鮮奶油和三溫糖打至八分發。加入黃豆粉攪拌即可。

草莓冰淇淋&香草奶油

材料（易製作的分量）

鮮奶油…200g
細砂糖…15g
香草豆…少許

頂部裝飾

草莓冰淇淋…適量

作法

碗中放入材料打至八分發即可。

香蕉&卡士達醬

材料（易製作的分量）

卡士達醬…材料、作法參照P.45（約500g）

頂部裝飾

香蕉…適量

紅豆餡&栗子奶油

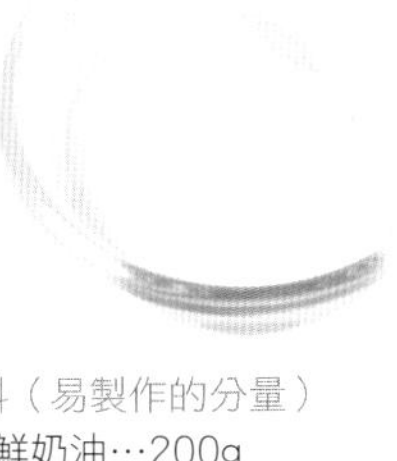

材料（易製作的分量）

A 鮮奶油…200g
白蘭地…2小匙

栗子糊…100g

頂部裝飾

紅豆餡…適量

作法

碗中放入A打至八分發。加入栗子糊攪拌即可。

千層可麗餅

Mille crepes

奶油、可麗餅
與其他配料搭配完成
多種奶油任你選擇

材料、作法
1 參照P.54可麗餅麵糊的作法製作。
2 夾入喜歡的奶油和食材重疊。

多種奶油&頂部裝飾

奇異果&蘭姆葡萄乾奶油

材料
（易製作的分量）
鮮奶油…200g
蘭姆酒…1大匙
葡萄乾…100g
頂部裝飾
奇異果…適量

作法
1 碗中放入鮮奶油、蘭姆酒打至八分發。加入葡萄乾攪拌。
2 把1塗在可麗餅上，鋪上一層奇異果片，再蓋上另一片可麗餅。

紅豆餡&抹茶冰淇淋

材料
（易製作的分量）
鮮奶油…200g
白巧克力…80g
抹茶粉…1小匙
水…1小匙
頂部裝飾
紅豆餡…適量

作法
1 鍋中放入60g鮮奶油加熱煮沸。
2 碗中放入切碎的巧克力，再放入1使其融化，攪拌至順滑。
3 用水衝開抹茶粉。
4 混合2、3和剩餘的鮮奶油，打至八分發。
5 將4塗在可麗餅上，鋪上一層紅豆餡，再蓋上另一片可麗餅。

草莓&卡士達醬

材料（易製作的分量）
卡士達醬…材料、作法參照P.45（約500g）
頂部裝飾
草莓…適量

作法
把卡士達醬塗在可麗餅上，鋪上一層草莓片，再蓋上另一片可麗餅。

巧克力&香草奶油

材料
（易製作的分量）
鮮奶油…200g
細砂糖…15g
香草豆…少許
頂部裝飾
巧克力碎…適量

作法
1 碗中放入奶油的材料打至八分發。
2 將1塗在可麗餅上，鋪上一層巧克力碎，再蓋上另一片可麗餅。

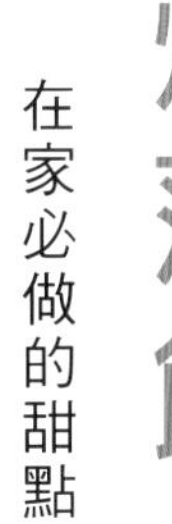

烤薄餅

Pancake

在家必做的甜點
要想烤色美麗
那麼平底鍋的熱度
不能過高

材料（直徑12cm4個份）

麵團

低筋麵粉…200g
泡打粉…2小匙
無鹽奶油…30g
鹽…1小撮
雞蛋…2個
細砂糖…40g
牛奶…200ml
香草精…少許
沙拉油…少許

裝飾

果醬…適量
鮮奶油…適量
糖粉…適量
水果…適量

事前準備

- 低筋麵粉和泡打粉混合後過篩。
- 奶油放入耐熱容器內，以微波爐（600W）加熱20秒左右。

作法

1 碗中攪散雞蛋，加入鹽、奶油、香草精後充分攪拌。
2 另一個碗內加入粉類和細砂糖，攪拌均勻。中間挖一個凹洞，分次加入1攪拌均勻。
3 分次加入牛奶，攪拌至麵糊順滑。
4 加熱平底鍋後塗一層薄薄的沙拉油，改小火倒入鍋匙一匙量的麵糊。表面佈滿氣泡並破裂後翻面（參照P.53）。
5 烤至另一面也出現烤色即可。

多種頂部裝飾

黑蜜

材料
黑蜜…適量

草莓泥

材料
草莓泥…適量

楓糖漿

材料
楓糖漿…適量

甜甜圈

甜甜圈

材料
（直徑6cm6個份）
低筋麵粉…120g
泡打粉…1小匙
無鹽奶油…15g
雞蛋…1/2個
細砂糖…30g
牛奶…30ml

事前準備
- 低筋麵粉和泡打粉混合後過篩。
- 奶油放入耐熱容器內，以微波爐（600W）中約加熱10秒。
- 雞蛋攪散。

← 詳細步驟參照P.60

1 混合雞蛋、細砂糖、牛奶

碗中放入雞蛋、細砂糖、牛奶充分攪拌。

2 加入融化的奶油攪拌

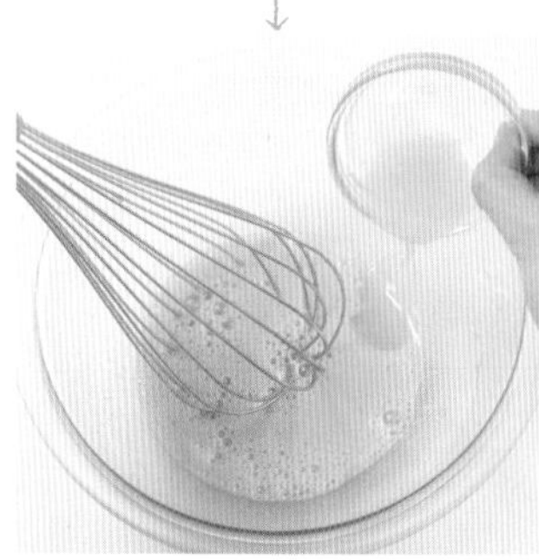

加入奶油繼續攪拌。

3 加入粉類攪拌，放入冰箱內冷藏

加入麵粉用橡膠刮刀攪拌好後，用保鮮膜包住放入冰箱冷藏30分鐘以上。

4 擀麵團

料理台上撒乾粉（高筋麵粉・分量外），將麵團擀平。

5 用甜甜圈模具塑形

模具上沾乾粉後塑形。

6 油炸

將油（分量外）熱至170℃時放入麵團油炸，炸至金黃色即可。

西班牙油條

材料（15cm 10根）

低筋麵粉…60g
鹽…1小撮
雞蛋…1/2～1個
牛奶…100ml
無鹽奶油…15g

事前準備

- 低筋麵粉過篩。
- 奶油放入耐熱容器內，以微波爐（600W）中加熱約40秒。
- 雞蛋攪散。
- 擠花袋搭配星形擠花嘴。

詳細步驟參照P.63

1 擠麵糊

將麵糊倒入擠花袋中，在170℃的熱油（分量外）中擠10～15cm長。

2 將麵糊和烘焙紙一起放入鍋中油炸

用筷子保持其長條的形狀，炸至金黃色即可。

法琪泡芙圈

材料（8個份）

低筋麵粉…60g
無鹽奶油…40g
雞蛋…2或3個
水…100ml

事前準備

- 低筋麵粉過篩。
- 奶油放入耐熱容器內，以微波爐（600W）加熱約40秒。
- 烘焙紙剪成10cm的正方形。
- 雞蛋攪散。
- 擠花袋搭配星形擠花嘴。

詳細步驟參照P.62

1 將麵糊倒入平底鍋內

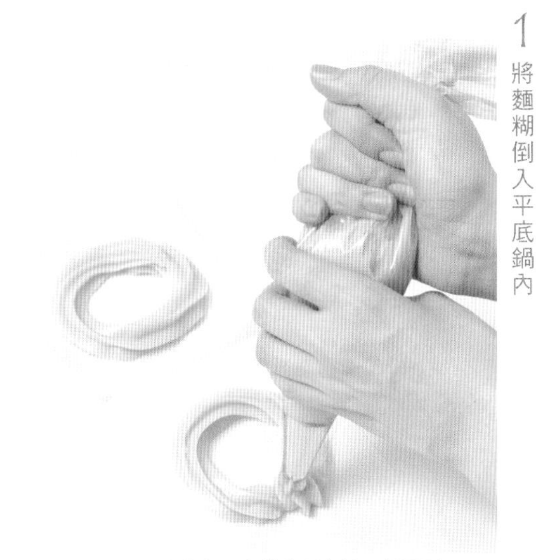

將麵糊倒入擠花袋中，在烘焙紙上擠一個圓形。

2 用筷子塑形油炸

油（分量外）加熱至170℃後，將麵糊和烘焙紙一起放入油炸，麵糊膨脹後翻面，去掉烘焙紙繼續油炸，直至整體變成金黃色。

甜甜圈

Donut

不論形狀還是味道
都是最正統、
最懷舊的甜品
金黃色的顏色最勾人食慾

材料
（直徑6cm6個份）
低筋麵粉…120g
泡打粉…1小匙
無鹽奶油…15g
雞蛋…1/2個
細砂糖…30g
牛奶…30ml

事前準備
- 低筋麵粉和泡打粉混合後過篩。
- 奶油放入耐熱容器內，以微波爐（600W）加熱約10秒。
- 雞蛋攪散。

作法（參照P.58）
1. 碗中放入雞蛋、細砂糖和牛奶充分攪拌。
2. 加入奶油繼續攪拌。
3. 加入麵粉，用橡膠刮刀攪拌好後，用保鮮膜包住放入冰箱冷藏30分鐘以上。
4. 料理台上撒乾粉（高筋麵粉，分量外）後，將麵團擀平，用甜甜圈模具塑形。
5. 將油（分量外）熱至170℃時放入4油炸，炸至金黃色即可。

米粉麵團

材料（直徑6cm 10個份）
米粉…180g
泡打粉…1小匙
牛奶…1大匙
無鹽奶油…15g
雞蛋…1個
細砂糖…40g

事前準備
●米粉和泡打粉混合後過篩。
●將牛奶、奶油放入耐熱容器內，以微波爐（600W）加熱約10秒。

作法
1 碗中放入雞蛋、細砂糖充分攪拌，再加入粉類攪拌，最後加入牛奶、奶油，攪拌至看不到麵粉。
2 用保鮮膜包住放入冰箱冷藏30分鐘以上。
3 料理台上撒乾粉（高筋麵粉・分量外），將麵團擀平，用甜甜圈模具塑形。
4 將油（分量外）熱至170℃時放入3油炸，炸至金黃色即可。

豆漿麵團

材料（直徑6cm 6個份）
低筋麵粉…150g
泡打粉…1小匙
豆漿…85ml
粗製甘蔗糖…30g
沙拉油…1大匙

事前準備
●低筋麵粉和泡打粉混合後過篩。

作法
1 碗中放入豆漿、粗製甘蔗糖充分攪拌，再加入沙拉油攪拌，最後加入粉類攪拌均勻。
2 料理台上撒乾粉（高筋麵粉・分量外），將麵團擀平，用甜甜圈模具塑形。
3 將油（分量外）熱至170℃時放入2油炸，炸至變成金黃色即可。

水果麵團

材料（直徑6cm 10個份）
低筋麵粉…200g
泡打粉…1/2大匙
雞蛋…1個
細砂糖…50g
牛奶…30ml
無鹽奶油…20g
水果乾…100g
蘭姆酒…1大匙

事前準備
●水果乾用蘭姆酒泡軟。

作法
參照P.60甜甜圈的作法。在3中加入粉類、酒醃水果乾即可。

香草麵團

材料（直徑6cm 6個份）
低筋麵粉…150g
泡打粉…1/2小匙
雞蛋…1/2個
細砂糖…25g
牛奶…30ml
無鹽奶油…20g
培根…2片
喜歡的乾香草…少許
鹽…少許

事前準備
●乾香草與培根切碎。

作法
參照P.60甜甜圈的作法。在3中加入粉類、乾香草和培根即可。

多種淋醬

肉桂糖

材料
肉桂糖…適量

作法
將肉桂糖撒在甜甜圈上即可。

可可

材料
可可粉…適量
細砂糖…適量

作法
將可可粉和細砂糖混合後撒在甜甜圈上即可。

黑糖黃豆粉

材料
黑砂糖…30g　黃豆粉…30g

作法
將黑砂糖和黃豆粉撒在甜甜圈上即可。

法琪泡芙圈

French Cruller

口感膨鬆的甜甜圈
搭配巧克力和奶油
打造全新的美味

材料（8個份）

低筋麵粉…60g　無鹽奶油…40g
雞蛋…2或3個　水…100ml

事前準備

- 低筋麵粉過篩。
- 烘焙紙剪成10cm的正方形。
- 雞蛋攪散。
- 擠花袋搭配星形擠花嘴。

作法

1. 鍋中放入奶油和水一同加熱，即將煮沸時關火。
2. 關火後加入低筋麵粉快速攪拌。
3. 分次加入雞蛋攪拌，直至提起橡膠刮刀後麵糊呈倒三角形慢慢滑落的程度。
4. 將麵糊倒入擠花袋中，在烘焙紙上擠一個圓形（參照P.59）。
5. 油（分量外）加熱至170℃後，將4和烘焙紙一起放入鍋中油炸，麵糊膨脹後翻面，去掉烘焙紙繼續油炸，直至整體變成金黃色。

多種淋醬

卡士達醬&糖粉

材料（易製作的分量）

卡士達醬…材料、作法參照P.45（約500g）
糖粉…適量

作法

從法琪泡芙圈側面切一刀，切入一半深度，擠入卡士達醬，最後在法琪泡芙圈上撒上糖粉即可。

巧克力淋醬

材料（易製作的分量）

甜巧克力…50g
無鹽奶油…50g

作法

碗中放入切碎的巧克力和奶油，隔水加熱融化後，用湯匙淋在泡芙上即可。

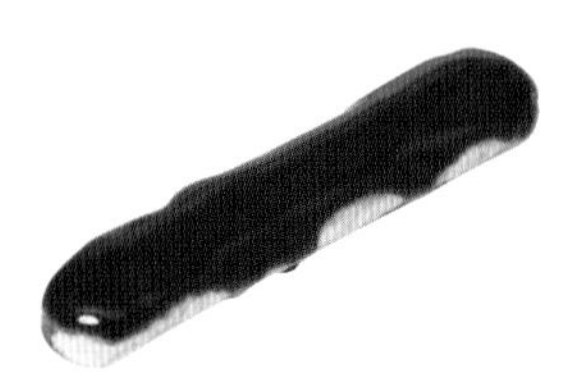

白巧克力淋醬

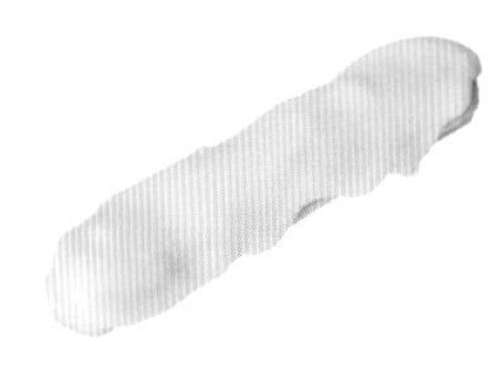

材料（易製作的分量）

白巧克力…100g

作法

巧克力切碎後放入耐熱容器內，包上保鮮膜後以微波爐（600W）加熱30秒～1分鐘，再次攪拌均勻，用湯匙淋在泡芙上即可。

西班牙油條（吉拿棒）

Churros

炸好後撒上
薄薄一層肉桂，
甜脆的口感
讓人根本停不了嘴

低筋麵粉　牛奶　細砂糖　肉桂粉　雞蛋　鹽　奶油

材料（15cm 10根）

麵糊
低筋麵粉…60g
雞蛋…1/2～1個
無鹽奶油…15g
鹽…1小撮
牛奶…100ml

裝飾用
細砂糖…3大匙
肉桂粉…1/2小匙

事前準備
- 低筋麵粉過篩。
- 雞蛋攪散。
- 擠花袋搭配星形擠花嘴。

作法
1. 鍋中放入奶油、鹽和牛奶一同加熱，即將煮沸時關火。
2. 關火後加入低筋麵粉快速攪拌。
3. 分次加入雞蛋攪拌，直至提起橡膠刮刀後麵糊呈倒三角形慢慢滑落的程度。
4. 將麵糊倒入擠花袋中，在170℃的熱油（分量外）中擠10～15cm長（參照P.59）。
5. 將裝飾用的材料混合好，趁熱撒在炸好的4上。

多種淋醬

杏仁粉

材料
杏仁粉…適量
細砂糖…30g

作法
將杏仁粉和細砂糖混合後撒在西班牙油條上即可。

椰子糖

材料
椰子糖…適量

作法
將椰子糖撒在西班牙油條上即可。

抹茶

材料
抹茶粉…適量
糖粉…適量

作法
將抹茶粉和糖粉混合後撒在西班牙油條上即可。

布丁

焦糖

材料
細砂糖…60g
水…2大匙
熱水…2大匙

事前準備
- 容器內塗抹薄薄一層沙拉油（分量外）。

詳細步驟參照P.66

1 準備容器

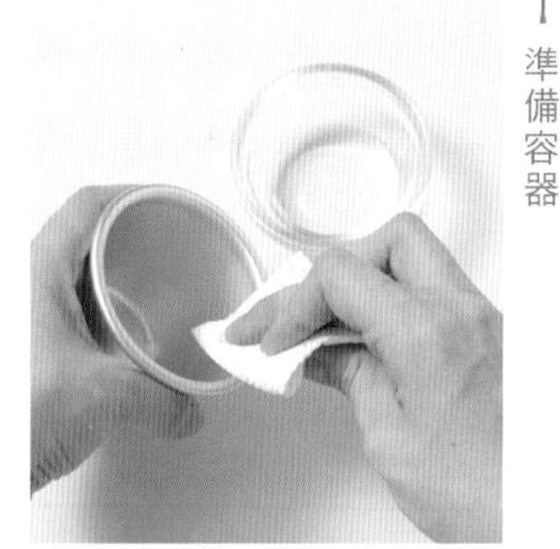

容器內側塗抹一層沙拉油。

2 加熱細砂糖和水

鍋中放入細砂糖和水進行加熱。

3 攪拌至糖水出現焦糖色

邊緣出現焦糖色後開始不停地攪拌。

4 關火加熱水

關火後倒入準備的熱水，注意不要被飛濺的糖漿燙傷。

5 倒入容器內，待其散熱放涼凝固

趁熱倒入容器內，待其散熱放涼凝固。

布丁液

材料
（直徑5cm的布丁杯6個份）
布丁液
雞蛋…2個
牛奶…250ml
細砂糖…40g
香草精…少許

事前準備
●烤箱預熱至160℃。

詳細步驟參照P.66

1 加熱牛奶和細砂糖，雞蛋內加入香草精

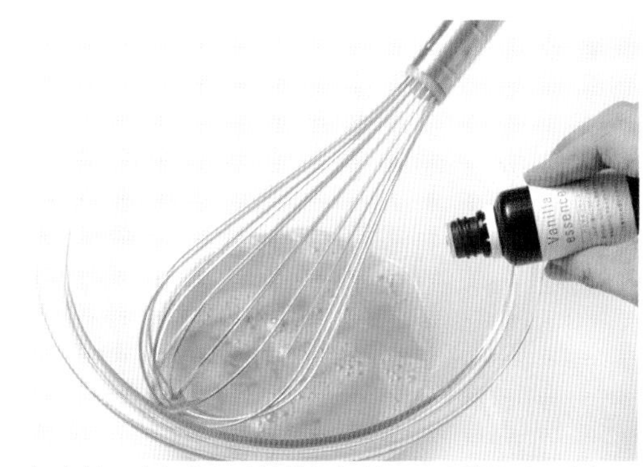

鍋中放入牛奶和細砂糖進行加熱；碗中攪散雞蛋後加入香草精混合。

↓

2 分次加入牛奶，輕輕混合攪拌

防止空氣進入所以要輕輕混合

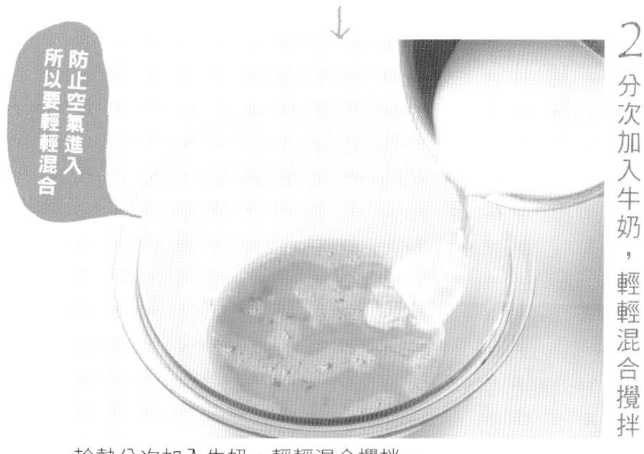

趁熱分次加入牛奶，輕輕混合攪拌。

↓

3 過濾布丁液

用濾網過濾布丁液。

4 慢慢倒入容器內

防止布丁液與焦糖混合，所以要慢慢倒入

慢慢倒入有焦糖的容器內。

↓

5 烤盤放入熱水後烘烤

將4放在大號的方形平底盤中，再放在烤盤上。加入方形平底盤一半高度的熱水，放入160℃的烤箱內烘烤30分鐘左右。

布丁
Pudding

溫和的雞蛋與略苦的焦糖堪稱絕配

材料
（直徑5cm的布丁杯6個份）
焦糖
細砂糖…60g
水…2大匙
熱水…2大匙
布丁液
牛奶…250ml
細砂糖…40g
雞蛋…2個
香草精…少許

事前準備
- 容器內塗抹薄薄一層沙拉油（分量外）。
- 烤箱預熱至160℃。

焦糖的作法（參照P.64）
1. 鍋中放入細砂糖和水進行加熱。
2. 攪拌至糖水出現茶色後關火，加入熱水（注意不要被飛濺的糖漿燙傷）。
3. 趁熱倒入容器內，等其散熱放涼凝固。

布丁液的作法（參照P.65）
1. 鍋中放入牛奶和細砂糖進行加熱。
2. 碗中攪散雞蛋後加入香草精混合，分次加入1攪拌。
3. 用濾網過濾布丁液，慢慢倒入有焦糖的容器內。
4. 將3放在大號的方平底盤中，再放在烤盤上，加入方平底盤一半高度的熱水，放入160℃的烤箱內烘烤30分鐘左右。

多種布丁液

南瓜布丁

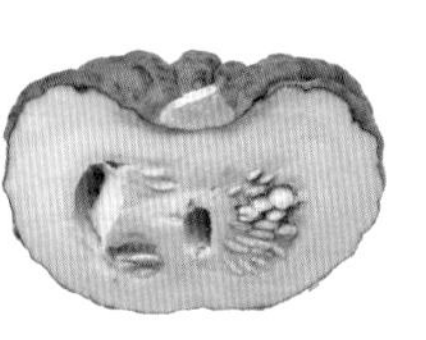

材料
（直徑5cm的布丁杯6個份）
南瓜…小號1/4個（約170g）
牛奶…100ml
鮮奶油…100g
蛋黃…1個
雞蛋…1個
細砂糖…65g
肉豆蔻粉…少許

事前準備
- 容器內塗抹薄薄一層沙拉油（分量外）。
- 烤箱預熱至160℃。

作法
1. 南瓜去皮去種，切一口大小的塊，蒸熟或放入耐熱容器中以微波爐（600W）加熱至變軟，趁熱用濾網過濾。
2. 鍋中放入牛奶、鮮奶油進行加熱。
3. 碗中放入蛋黃、雞蛋、細砂糖和肉豆蔻粉，充分攪拌後先放2再放1進行攪拌。
4. 用濾網過濾後慢慢倒入容器內。
5. 將4放在大號的方平底盤中，再放在烤盤上。加入方平底盤一半高度的熱水，放入160℃的烤箱內烘烤30分鐘左右。

法式焦糖布丁

Crème brulee

烤焦的砂糖搭配肉桂與香草豆
歐式風情滿滿的甜品

材料（4個份）

布丁液

香草豆…1/2根
鮮奶油…80g
牛奶…80ml
肉桂棒…1/2根
蛋黃…2個
細砂糖…30g

裝飾用

細砂糖…適量

事前準備

- 烤箱預熱至160℃。
- 用菜刀輕輕切開香草豆的外皮，取出豆子。

作法

1. 鍋中放入鮮奶油、牛奶、香草豆和肉桂棒進行加熱，即將煮沸時關火。
2. 碗中放入蛋黃，攪散後加入砂糖充分攪拌。
3. 將1分次加入2並不停攪拌。
4. 將3慢慢倒入容器內，擺在烤盤上，並在烤盤上倒入熱水，放入160℃的烤箱內烘烤30～40分鐘。
5. 稍微放涼後表面撒上細砂糖，將用火烤過的湯匙背壓在表面，將糖烤焦。

瑪德琳蛋糕・司康餅

瑪德琳蛋糕

材料（10個份）
低筋麵粉…35g
杏仁粉…15g
泡打粉…1/4小匙
無鹽奶油…50g
雞蛋…1個
細砂糖…40g

事前準備
- 低筋麵粉、杏仁粉、泡打粉混合後過篩。
- 奶油放入耐熱容器內，以微波爐（600W）加熱約30秒。
- 烤箱預熱至180℃。

詳細步驟參照P.70

1 模具內塗抹奶油

用手指在模具內塗抹奶油（分量外），並放入冰箱冷藏。

↓

2 撒低筋麵粉

在模具內撒上低筋麵粉（分量外）。

↓

3 抖掉多餘的麵粉

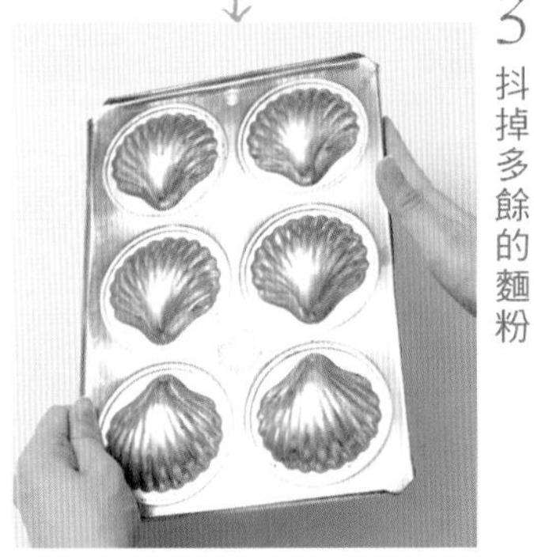

將模具倒過來，抖掉多餘的麵粉。

4 將麵糊倒入模具內八分滿

將做好的麵糊倒入模具內，且由於麵糊會膨脹，所以倒入八分滿即可。

↓

5 放入烤箱烘焙

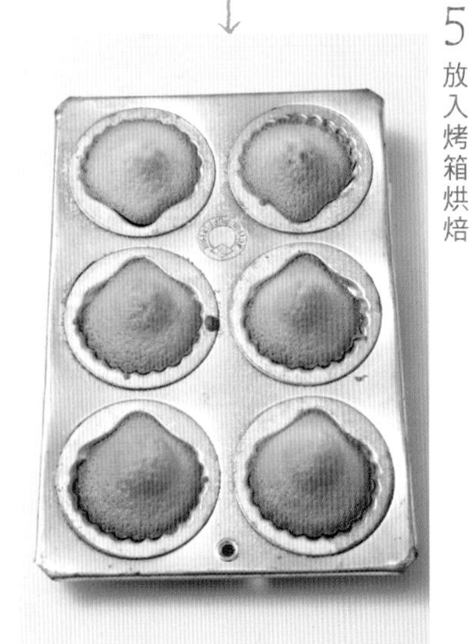

模具放在烤盤上放入180℃烤箱內烘烤13～15分鐘。

司康餅

材料（8個份）
低筋麵粉…200g
泡打粉…1大匙
無鹽奶油…60g
細砂糖…20g
鹽…1小撮
牛奶…80ml

事前準備
- 低筋麵粉和泡打粉混合後過篩。
- 奶油切1cm的塊，放入冰箱內冷藏。
- 烤箱預熱至200℃。
- 烤盤上鋪一張烘焙紙。

詳細步驟參照P.73

1 麵粉裡加入細砂糖、鹽

碗中放入麵粉、細砂糖和鹽混合。

↓

2 加入奶油

加入奶油混合攪拌。

↓

3 搗碎奶油，使其裹滿麵粉

使用刮刀搗碎奶油，使其裹滿麵粉。

4 用手指將奶油和麵粉搓合

奶油搗碎後，兩手揉搓麵粉與奶油，直至呈現乾爽狀態。

↓

5 加入牛奶

麵粉中間挖一個凹洞，倒入牛奶混合。

↓

6 揉麵團

用刮刀混合麵粉，使其變成一個麵團。

7 用保鮮膜包裹

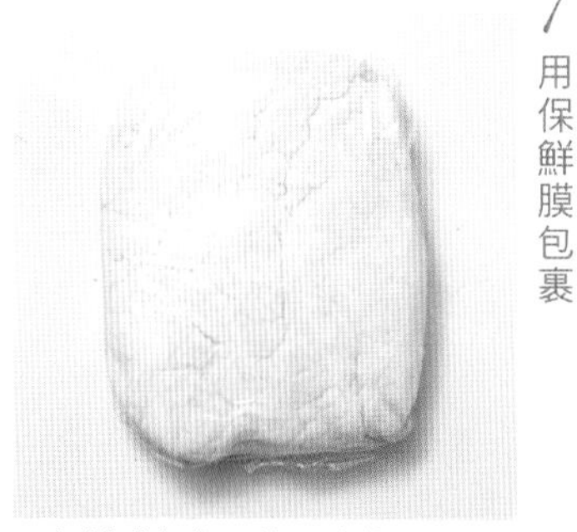

用保鮮膜包住，放入冰箱冷藏1小時以上。

↓

8 將麵團8等分

將麵團擀成15cmX15cm後8等分。

↓

9 擺在烤盤上，表面塗抹牛奶

表面用刷子塗抹牛奶（分量外），放入200℃的烤箱內烘烤20分鐘左右。

瑪德琳蛋糕

Madeleine

最適合當做禮物的小巧糕點。當然，為了造型美觀複雜的模具準備工作必不可少

材料（10個份）

低筋麵粉…35g
杏仁粉…15g
泡打粉…1/4小匙
無鹽奶油…50g
雞蛋…1個
細砂糖…40g

事前準備

- 低筋麵粉、杏仁粉、泡打粉混合後過篩。
- 奶油放入耐熱容器內，以微波爐（600W）加熱約30秒。
- 模具塗抹過奶油（分量外）後放入冰箱冷藏，並撒上低筋麵粉（分量外）後抖掉多餘的麵粉（參照P.68）。
- 烤箱預熱至180℃。

作法

1 碗內攪散雞蛋後，加入白砂糖攪拌。
2 加入麵粉後，用橡膠刮刀切拌。
3 加入奶油後混合後，將麵糊倒入模具內八分滿。
4 模具放在烤盤上，放入180℃烤箱內烘烤13～15分鐘（參照P.68）。
5 烤好後脱模散熱放涼。

多種麵糊

可可

材料（10個份）

低筋麵粉…35g
杏仁粉…10g
可可粉…5g
泡打粉…1/4小匙
無鹽奶油…50g
雞蛋…1個
細砂糖…40g

事前準備

低筋麵粉、杏仁粉、可可粉、泡打粉混合後過篩。

作法

參照瑪德琳蛋糕的作法。

栗子

材料、作法（10個份）

參照瑪德琳蛋糕的作法。在3中將50g切碎的甜煮栗子放在倒入麵糊的模具上即可。

黑莓

材料、作法（10個份）

參照瑪德琳蛋糕的作法。在3中將50g切碎的黑莓放在倒入麵糊的模具上即可。

費南雪

Financiers

宛如金條的外形是它最大的特徵。加入烤焦的奶油能使香味更為濃郁

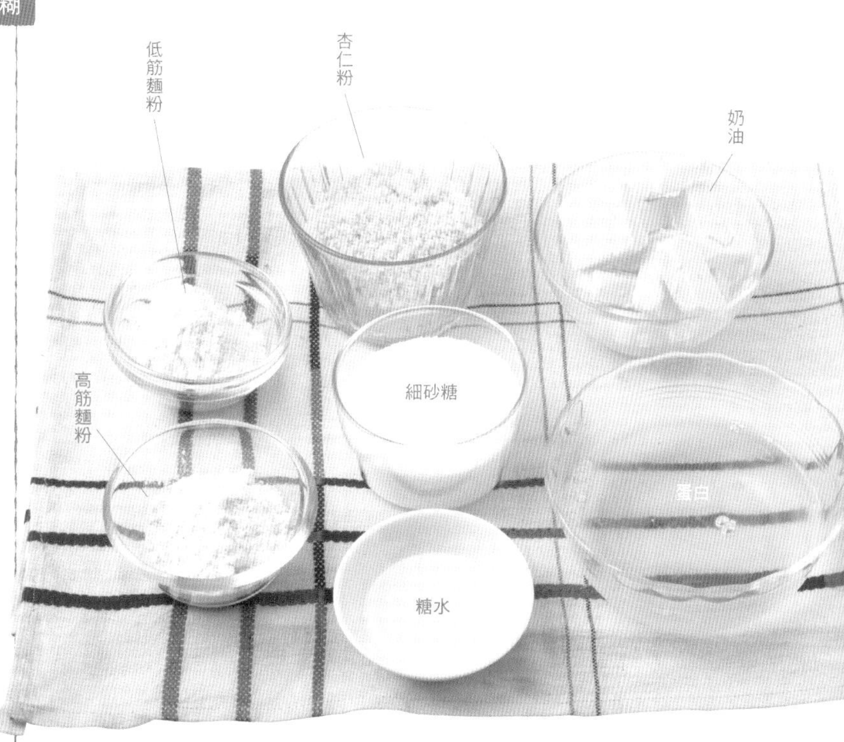

材料（費南雪模具12個份）

高筋麵粉…20g
低筋麵粉…20g
杏仁粉…40g
無鹽奶油…100g
蛋白…100g
細砂糖…100g
糖水…15g

事前準備

- 高筋麵粉、低筋麵粉、杏仁粉混合後過篩。
- 烤箱預熱至180℃。
- 模具塗抹過奶油（分量外）後放入冰箱冷藏，撒上低筋麵粉（分量外）後抖掉多餘的麵粉（參照P.68）。

作法

1. 碗內放入蛋白，攪散後加入白砂糖、糖水充分攪拌。
2. 加入麵粉後充分攪拌。
3. 鍋中放入奶油中火加熱，直至奶油出現濃茶色後，將鍋移到濕抹布上放涼。
4. 將3分次加入2中攪拌後，用湯匙舀麵糊倒入模具至九分滿。
5. 模具放在烤盤上，放入180℃烤箱內烘烤13～15分鐘。
6. 烤好後放在模具中散熱放涼，放涼後再脫模。

多種麵糊

黑芝麻

材料、作法
（費南雪模具12個份）
參照費南雪的作法。在2中將15g黑芝麻連同麵粉一同加入即可。

抹茶

材料、作法
（費南雪模具12個份）
參照費南雪的作法。事前準備中將高筋麵粉、低筋麵粉、杏仁粉和1小匙抹茶粉一同混合過篩。

紅茶

材料、作法
（費南雪模具12個份）
參照費南雪的作法。在2中將5g切碎的紅茶茶葉連同麵粉一同加入即可。

甜麵包乾

Rusk

變得略硬的風乾麵包
用來製作甜麵包再適合不過。
提升美味度的同時
還延長了食物的保存期

多種頂部裝飾

大蒜辣椒粉

材料
大蒜辣椒粉…適量

作法
參照甜麵包乾的作法。在3中將2替換成奶油和大蒜辣椒粉混合物，撒上即可。

黑糖黃豆粉

材料
黑砂糖…30g
黃豆粉…30g
水…1小匙

作法
參照甜麵包乾的作法。在3中將2替換成黑砂糖、黃豆粉和水，塗上即可。

肉桂糖

材料
肉桂糖…10g
無鹽奶油…15g

作法
參照甜麵包乾的作法。在3中將2替換成肉桂糖和奶油的混合物，塗上即可。

法式麵包

奶油

細砂糖

椰蓉

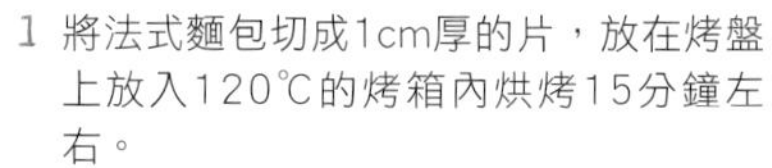

材料（15個份）
法式麵包…1/3根
無鹽奶油…60g
細砂糖…40g
椰蓉…20g

事前準備
●烤箱預熱至120℃。
●奶油室溫軟化。

作法
1 將法式麵包切成1cm厚的片，放在烤盤上放入120℃的烤箱內烘烤15分鐘左右。
2 將奶油、細砂糖和椰蓉混合攪拌。
3 在1的兩面塗抹2，放入120℃的烤箱內烘烤15分鐘左右。

司康

Scone

下午茶必不可少的點心
抹上果醬或奶油搭配紅茶
享受悠閒的下午茶時光吧！

材料（8個份）

低筋麵粉…200g	細砂糖…20g
泡打粉…1大匙	鹽…1小撮
無鹽奶油…60g	牛奶…80ml

事前準備

- 低筋麵粉和泡打粉混合後過篩。
- 奶油切成1cm的塊，放入冰箱內冷藏。
- 烤箱預熱至200℃。
- 烤盤上鋪一張烘焙紙。

作法（參照P.69）

1. 碗中放入麵粉、細砂糖和鹽混合。
2. 加入奶油，一邊搗碎一邊攪拌，攪拌至一定程度後用兩手揉搓混合麵粉與奶油。
3. 麵粉中間挖一個凹洞，倒入牛奶切拌，將其揉成一個麵團。
4. 用保鮮膜包住，放入冰箱冷藏1小時以上。
5. 將麵團擀成15cmX15cm後8等分，擺在烤盤上，表面塗抹牛奶（分量外）。
6. 放入200℃的烤箱內烘烤20分鐘左右。

多種材料

覆盆子

材料、作法（8個份）

參照司康的作法。在3中加入50g覆盆子，揉進麵團裡即可。

核桃

材料、作法（8個份）

參照司康的作法。在3中加入50g核桃，揉進麵團裡即可。

藍莓

材料、作法（8個份）

參照司康的作法。在3中加入50g藍莓，揉進麵團裡即可。

馬芬蛋糕

Muffin

外表酥脆
內裡卻鬆軟綿密
裡面加入滿滿的新鮮藍莓
味道更佳

材料（直徑6cm的錫製杯6個份）
低筋麵粉…120g
泡打粉…1小匙
無鹽奶油…60g
雞蛋…1個
細砂糖…60g
藍莓…60g
原味優酪乳…1大匙

事前準備
- 低筋麵粉和泡打粉混合後過篩。
- 烤箱預熱至180℃。
- 模具裡鋪一個紙杯。
- 奶油室溫軟化。
- 雞蛋攪散。

作法
1 碗中放入奶油和細砂糖、攪打成乳狀。
2 分3次加入雞蛋，充分攪拌。
3 加入粉類後用橡膠刮刀切拌，再加入原味優酪乳混合攪拌。
4 將麵糊倒入模具內，放入180℃的烤箱內烘烤25分鐘左右。

多種麵糊

楓糖漿麵糊

材料、作法
（直徑6cm錫製杯6個份）
參照馬芬蛋糕的作法。在3中將原味優酪乳和藍莓替換成30g楓糖漿即可。

檸檬薑汁麵糊

材料、作法
（直徑6cm錫製杯6個份）
參照馬芬蛋糕的作法。在3中將原味優酪乳和藍莓替換成1個磨碎的檸檬皮（國產）、1大匙檸檬汁、5g切成末的生薑即可。

香蕉麵糊

材料、作法
（直徑6cm錫製杯6個份）
參照馬芬蛋糕的作法。在3中將原味優酪乳和藍莓替換成1根切成1cm的香蕉片即可。

蒸麵包

Steamed bun

沒有烤箱
也能輕鬆製作的人氣糕點
口感膨鬆、味道樸素

材料
（直徑5cm的紙杯6個份）
低筋麵粉…100g
泡打粉…1小匙
細砂糖…40g
牛奶…100ml

事前準備
- 低筋麵粉和泡打粉混合後過篩。
- 蒸鍋放在火上。
- 蒸鍋的蓋子包上布。

作法
1. 碗中放入低筋麵粉、泡打粉、細砂糖充分攪拌，再加入牛奶攪打至順滑。
2. 將麵團倒入模具內裝至七分滿。
3. 將2擺入蒸鍋內中火蒸10分鐘。

多種頂部裝飾

核桃

材料
核桃…適量

作法
將麵團放入紙杯內，撒上核桃後蒸熟即可。

巧克力碎

材料
巧克力碎…適量

作法
將麵團放入紙杯內，撒上巧克力碎後蒸熟即可。

香蕉片

材料
香蕉片…適量

作法
將麵團放入紙杯內，撒上香蕉片後蒸熟即可。

起司系列

舒芙蕾乳酪蛋糕

材料（直徑18cm的圓形模具1個份）

奶油起司…200g
無鹽奶油…20g
低筋麵粉…30g
蛋黃…3個
牛奶…30ml
鮮奶油…60g
檸檬汁…10ml
檸檬皮（國產）…1/3個
蛋白…3個
細砂糖…60g

事前準備

- 低筋麵粉過篩。
- 奶油起司和奶油室溫軟化。
- 模具內鋪一張烘焙紙。
- 烤箱預熱至160℃。
- 檸檬皮磨碎。

詳細步驟參照P.78

1 模具底部鋪一張烘焙紙

模具底部鋪2張帶狀烘焙紙和一張圓形烘焙紙。

2 模具側面鋪烘焙紙

模具的側面也要鋪一張烘焙紙。

3 隔水加熱烘烤

將做好的麵糊倒入模具內。將模具放入烤盤中並在烤盤裡加熱水，放入160℃的烤箱內烘烤40～45分鐘。

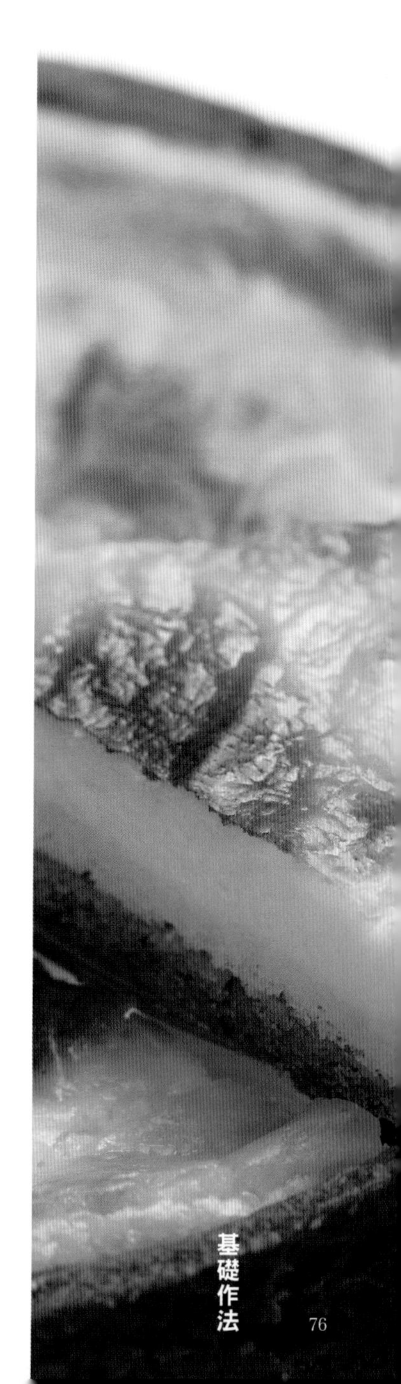

餅乾底的作法

材料
（易製作的分量）
全麥餅乾…100g
無鹽奶油…60g

餅乾底用的餅乾放在袋子中碾碎

將餅乾底用的餅乾放入塑膠袋中，用擀麵棍等敲碎。加入融化的奶油混合攪拌。

加入奶油風味更佳

如果喜歡甜味，可以適當減少奶油，加入蜂蜜或楓糖漿。

材料
全麥餅乾…100g
無鹽奶油…40g
蜂蜜…20g

蜂蜜

楓糖漿

材料
全麥餅乾…100g
無鹽奶油…40g
楓糖漿…20g

準備的烘焙紙

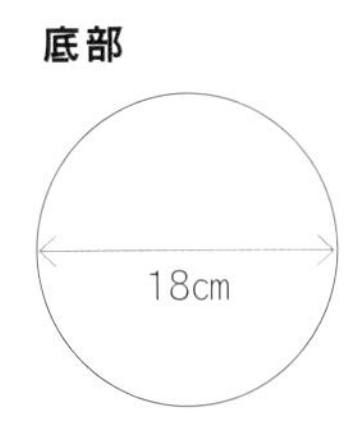

帶子X2
30cm
3cm

4 烤好後脫模

烤好後手持鋪在模具底部的帶狀烘焙紙的一端，慢慢脫模。

5 放在蛋糕架上散熱放涼

脫模後放在蛋糕架上散熱。

舒芙蕾乳酪蛋糕

Soufflé cheesecake

由於裡面加入了豐富的蛋白霜才使得蛋糕口感極其膨鬆。隔水烘烤卻又使蛋糕綿密。

材料
（直徑18cm的圓形模具1個份）
奶油起司…200g
無鹽奶油…20g
低筋麵粉…30g
蛋黃…3個
牛奶…30ml
鮮奶油…60g
檸檬汁…10ml
檸檬皮（國產）…1/3個
蛋白…3個
細砂糖…60g

事前準備
- 奶油起司和奶油室溫軟化。
- 低筋麵粉過篩。
- 模具內鋪一張烘焙紙（參照P.76）。
- 烤箱預熱至160℃。
- 檸檬皮磨碎。

作法
1. 碗中放入奶油起司和奶油攪打至乳狀。
2. 逐一加入蛋黃充分攪拌。
3. 加入麵粉攪拌。
4. 依次加入牛奶、鮮奶油、檸檬汁、檸檬皮攪拌。
5. 另一個碗中放入蛋白，加入細砂糖製作蛋白霜（參照P.5）。
6. 向4中分2次加入5的蛋白霜充分混合攪拌。
7. 將麵糊倒入模具內放在烤盤上。
8. 烤盤內加入熱水，放入160℃的烤箱內烘烤40～45分鐘（參照P.76）。烤好後脫模放在蛋糕架上放涼。

檸檬與農夫起司蛋糕

材料（直徑18cm的圓形模具1個份）
農夫起司…200g
A｜檸檬汁…30ml
香草精…少許
檸檬皮（國產）…1個
蛋黃…3個
低筋麵粉…30g
牛奶…100ml
蛋白…3個
細砂糖…80g

事前準備
●農夫起司室溫軟化。
●烤箱預熱至180℃。
●檸檬皮磨碎。

作法
1 碗中放入農夫起司攪打至乳狀。按照A中記載的順序加入並充分攪拌。
2 參照加工起司蛋糕作法的2～4製作。
3 烤盤內加入熱水，放入180℃的烤箱內烘烤40～45分鐘。

加工起司蛋糕

材料（直徑18cm的圓形模具1個份）
A｜加工起司…200g
鮮奶油…200g
B｜鹽…1/3小匙
蛋黃…3個
香草精…少許
牛奶…50ml
低筋麵粉…50g
蛋白…3個
細砂糖…60g

事前準備
● 加工起司切片後室溫軟化。
● 烤箱預熱至180℃。

作法
1 耐熱容器內放入A，不包保鮮膜以微波爐（600W）加熱1分鐘，用攪拌器攪打至順滑。按照B中記載的順序放入材料充分攪拌。
2 另一個碗中加入蛋白後打至七分發，分2或3次加入細砂糖，攪打至提起攪拌器後蛋白霜前端出現三角形。
3 分3次將2放入1內用橡膠刮刀切拌。
4 將麵糊倒入模具內後放在烤盤上。
5 烤盤內加入熱水，放入180℃的烤箱內烘烤40～45分鐘。

布丁風味南瓜起司蛋糕

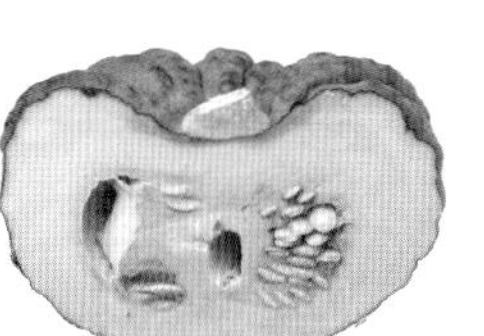

材料（直徑18cm的圓形模具1個份）
麵糊
奶油起司…200g
A｜細砂糖…120g
南瓜…180g
蛋黃…2個
雞蛋…1個
鮮奶油…100g
牛奶…100ml
優酪乳…200g
香草精…少許
焦糖汁
B｜細砂糖…180g
水…2大匙
熱水…2大匙

事前準備
●烤箱預熱至180℃。
●南瓜去皮後切5cm大的塊，浸泡片刻。放入耐熱容器內以微波爐（600W）加熱6～7分鐘，再用湯匙壓碎。

作法
1 小鍋內加入B加熱，待糖漿呈茶色後加入熱水。旋轉小鍋輕輕攪拌，再迅速倒入模具內使其冷卻。
2 碗中放入奶油起司攪打至柔軟，按照A上記載的順序放入材料充分攪拌。
3 烤盤內加入熱水，放入180℃的烤箱內烘烤40分鐘。
4 取出烤箱後將模具底放在火上輕輕烤，待焦糖汁融化後蓋在盤子上即可。

菠菜起司蛋糕

材料（直徑18cm的圓形模具1個份）
A｜菠菜…80g
牛奶…20ml
農夫起司…200g
B｜鹽…1/3小匙
蛋黃…3個
檸檬汁…1小匙
低筋麵粉…30g
豪達乳酪…30g
蛋白…4個
細砂糖…60g

事前準備
●加工起司磨碎。
●菠菜切碎後水煮，使用攪拌機加牛奶攪打成稠糊狀。
●烤箱預熱至180℃。

作法
1 碗中放入加工起司攪打至柔軟，按照A、B中記載的順序放入食材攪拌充分。
2 參照加工起司蛋糕作法的2～4製作。
3 烤盤內加入熱水，放入180℃的烤箱內烘烤40～45分鐘。

共同的事前準備與要點

事前準備 ●低筋麵粉過篩。 ●模具內鋪一張烘焙紙（參照P.76）。
要點 隔水烘烤時若中途熱水被烤乾可繼續加水。放涼後連同模具一起放入冰箱冷藏2～3小時。

烘培乳酪蛋糕

Baked cheesecake

表面帶有美麗的烤色，濃郁的起司味讓喜愛起司的人欲罷不能的甜品

材料（直徑18cm的圓形模具1個份）
*最好挑選活底模具

起司麵糊
奶油起司…200g
低筋麵粉…30g
雞蛋…2個
無鹽奶油…30g
細砂糖…60g
檸檬汁…1大匙
鮮奶油…100g

餅乾底
全麥餅乾…100g
無鹽奶油…60g

事前準備
- 奶油起司和奶油室溫軟化。
- 低筋麵粉過篩。
- 雞蛋攪散。
- 烤箱預熱至180℃。
- 將全麥餅乾放入塑膠袋中，用擀麵棍等敲碎（參照P.77）。
- 餅乾底用奶油放入耐熱容器內以微波爐（600W）加熱約20秒。

作法
1. 碗中放入餅乾底的材料充分混合後，倒入模具中用手壓平。
2. 碗中放入奶油起司和奶油攪打至乳狀。
3. 加入細砂糖、檸檬汁攪拌。
4. 分3或4次加入雞蛋充分攪拌。
5. 加入低筋麵粉、鮮奶油充分攪拌。
6. 將5倒在1上，放入180℃的烤箱內烘烤30分鐘。烤好放涼後再放入冰箱內冷藏2～3小時。

香草餅乾

材料
香草餅乾…100g
無鹽奶油…60g

作法
用香草餅乾代替全麥餅乾即可。

鹹味麥芽餅乾

材料
鹹味麥芽餅乾…100g
無鹽奶油…60g

作法
用鹹味麥芽餅乾代替全麥餅乾即可。

夾心餅乾

材料
奧利奧等夾心餅乾…100g
無鹽奶油…40g

作法
用夾心餅乾代替全麥餅乾即可。

多味麵糊

紅茶麵糊

材料（直徑18cm的圓形模具1個份）

起司麵糊
奶油起司…200g
鮮奶油…150g
細砂糖…100g
紅茶茶葉…12g
水…80ml
雞蛋…2個
低筋麵粉…30g
檸檬汁…1大匙

餅乾底
全麥餅乾…100g
無鹽奶油…50g

作法
1 製作餅乾底。參照烘培乳酪蛋糕作法中的1。
2 將10g紅茶茶葉和水放入小鍋中用中火煮。煮沸後關火蓋上蓋子燜2～3分鐘。將剩餘的茶葉放入稱量杯中，再過濾煮沸的紅茶倒入其中，最後取50ml的紅茶液。
3 碗中放入奶油起司攪打至乳狀。加入細砂糖、雞蛋、低筋麵粉、檸檬汁、鮮奶油充分攪拌。再加入2充分攪拌。
4 將3倒在1上，放入180℃的烤箱內烘烤40～50分鐘。烤好放涼後再連同模具一起放入冰箱內冷藏2～3小時。

草莓麵糊

材料
（直徑18cm的圓形模具1個份）
草莓…300g
A | 細砂糖…80g
　| 檸檬汁…2小匙
奶油起司…200g
酸味奶油…100g
B | 低筋麵粉…30g
　| 鮮奶油…100g
蛋白…4份
細砂糖…90g

餅乾底
全麥餅乾…100g
黃油（無鹽）…50g

作法
1 製作餅乾底。參照烘培乳酪蛋糕作法中的1。
2 將草莓洗淨加入A放入耐熱容器中，包覆保鮮膜後以微波爐（600W）加熱8～10秒。趁微熱叉子搗碎約一杯的分量。
3 分別放入奶油起司和奶油攪打至乳狀。依序加入步驟2充分攪拌。
4 另一個碗中加入蛋白後打至七分發，分2或3次加入細砂糖，攪打至提起攪拌器後蛋白霜前端出現三角形。
5 分3次將4放入3內用橡膠刮刀切拌。
6 將5倒在1上，放入180℃的烤箱內烘烤50～60分鐘。烤好放涼後再連同模具一起放入冰箱內冷藏2～3小時。

共同的事前準備與要點

事前準備
●低筋麵粉過篩。　●奶油起司室溫軟化。
●烤箱預熱至180℃。
●將全麥餅乾放入塑膠袋中，用擀麵棍等敲碎（參照P.77）。
●餅乾底用奶油放入耐熱容器內以微波爐（600W）加熱約20秒。

要點
最好挑選可底部活動的模具。

雷亞起司蛋糕（免烤起司蛋糕）

Rare cheesecake

入口即溶清涼可口的甜品，
只要將材料按順序混合
即可輕鬆製作而成，
號稱絕不會失敗的人氣甜品

材料（直徑18cm的圓形模具1個份）

起司麵糊

奶油起司…200g
細砂糖…80g
原味優酪乳…200g
鮮奶油…200g
香草精…少許
檸檬汁…2小匙
吉利丁粉…5g
水…2大匙

餅乾底

全麥餅乾…130g
無鹽奶油…50g

事前準備

- 奶油起司室溫軟化。
- 將全麥餅乾放入塑膠袋中，用擀麵棍等敲碎（參照P.77）。
- 吉利丁粉放入水中泡軟（參照P.108）。
- 餅乾底用奶油放入耐熱容器內以微波爐（600W）加熱約30秒。

作法

1. 碗中放入餅乾底的材料充分混合後，倒入模具中用手壓平。
2. 碗中放入奶油起司攪打至乳狀，再加入細砂糖攪拌均勻。
3. 加入優酪乳、檸檬汁、香草精攪拌。
4. 加入一般的鮮奶油攪拌均勻。
5. 將剩餘的鮮奶油放入鍋中加熱，即將煮沸時關火，加入浸泡過的吉利丁。
6. 將5冷卻後加入一部分的4攪拌均勻後再加入剩餘的5攪拌均勻。
7. 將6倒在1上，放入冰箱內冷藏2小時左右使其凝固即可。

黑糖麵糊

材料（直徑18cm的圓形模具1個份）

起司麵糊
奶油起司…200g
鮮奶油…200g
A 黑糖…90g
原味優酪乳…200g
吉利丁粉…5g
水…2大匙

餅乾底
全麥餅乾…130g
無鹽奶油…50g

事前準備
- 奶油起司室溫軟化。
- 將全麥餅乾放入塑膠袋中，用擀麵棍等敲碎（參照P.77）。
- 將吉利丁粉放入水中泡軟（參照P.108）。
- 餅乾底用奶油放入耐熱容器內以微波爐（600W）加熱約30秒。

作法
1. 碗中放入餅乾底的材料充分混合後，倒入模具中用手壓平。
2. 碗中放入奶油起司攪打至乳狀，再加入A和浸泡過的吉利丁充分攪拌。
3. 另一個碗中放入鮮奶油打至七分發，再加入2充分攪拌。
4. 將3倒在1上，放入冰箱內冷藏3小時左右使其凝固即可。

豆腐麵糊

材料（直徑18cm的圓形模具1個份）

起司麵糊
奶油起司…200g
嫩豆腐…150g
細砂糖…60g
吉利丁粉…8g
水…3大匙
檸檬汁…2小匙

事前準備
- 奶油起司室溫軟化。
- 將吉利丁粉放入水中溶解（參照P.108）。
- 豆腐擰乾水分後過濾。

作法
1. 碗中放入奶油起司攪打至乳狀，再細砂糖、檸檬汁攪拌均勻。再加入豆腐一邊碾碎一邊攪拌。
2. 加入浸泡過的吉利丁攪拌均勻。
3. 倒入模具中放入冰箱內冷藏3小時左右使其凝固即可。

巧克力碎餅乾&核桃

材料（易製作的分量）
巧克力碎餅乾…100g
無鹽奶油…50g
核桃…50g

作法
將全麥餅乾替換成巧克力碎餅乾，再加入核桃混合即可。

全麥餅乾&葡萄乾

材料（易製作的分量）
全麥餅乾…100g
無鹽奶油…50g
葡萄乾…50g

作法
在全麥餅乾底中混合葡萄乾即可。

松餅&蔓越莓

材料（易製作的分量）
松餅…100g
無鹽奶油…50g
蔓越莓…50g

作法
將全麥餅乾替換成鬆餅，再加入蔓越莓混合即可。

紐約起司蛋糕

New York cheesecake

決定此款甜品味道
和風味的是酸味奶油。
濃郁的起司味
是它最大的特徵

材料
（直徑18cm的圓形模具1個份）

麵糊
奶油起司…200g
無鹽奶油…50g
酸味奶油…150g
細砂糖…100g
雞蛋…2個
蛋黃…1個
檸檬汁…1/2個
低筋麵粉…1大匙

餅乾底
全麥餅乾…70g
無鹽奶油…40g

事前準備
- 將全麥餅乾放入塑膠袋中，用擀麵棍等敲碎（參照P.77）。
- 奶油起司和奶油室溫軟化。
- 餅乾底用奶油放入耐熱容器內以微波爐（600W）加熱約20秒。
- 烤箱預熱至200℃。
- 雞蛋和蛋黃混合攪散。

作法
1. 碗中放入餅乾底的材料充分混合後，倒入模具中用手壓平。
2. 碗中放入奶油起司攪打至乳狀，再加入細砂糖攪拌均勻。
3. 加入酸味奶油攪拌。
4. 分3次加入雞蛋充分攪拌。
5. 加入檸檬汁及低筋麵粉攪拌。
6. 將5倒在1上，放入200℃的烤箱烘烤40分鐘。

多種醬汁

可可醬汁

材料（直徑18cm的圓形模具1個份）
可可粉…2大匙
沙拉油…1大匙

作法
參照紐約起司蛋糕的作法。將醬汁的材料混合好後，在步驟6中仍帶有流動性的麵糊表面，每次滴上1/2小匙的醬汁小圓點。再在表面用牙籤用臨摹製作大理石紋，最後放入200℃的烤箱內烘焙40分鐘。

草莓醬汁

材料（直徑18cm的圓形模具1個份）
草莓醬…3大匙

作法
參照紐約起司蛋糕的作法。將醬汁的材料混合好後，在步驟6中仍帶有流動性的麵糊表面，每次滴上1/2小匙的醬汁小圓點。再在表面用牙籤用臨摹製作大理石紋，最後放入200℃的烤箱內烘焙40分鐘。

提拉米蘇

Tiramisu

義大利最常見的甜品。只要將材料混合重疊放置再冷卻即可食用，完全不用烤的人氣點心

材料（20cm方形模具1個份）

馬士卡彭乳酪…250g
蛋黃…2個
鮮奶油…350g
細砂糖…50g
手指餅乾…20根

醬汁
濃咖啡…100ml
細砂糖…20g

裝飾用
可可粉…適量

事前準備

●將醬汁的材料混合。

作法

1 碗中放入馬士卡彭乳酪攪打至乳狀。
2 逐一加入蛋黃攪拌至順滑。
3 另一個碗中放入鮮奶油和細砂糖，打至七分發（參照P.5）。
4 分2次將3加入2中攪拌。
5 容器底部擺放一般的手指餅乾，用刷子塗抹醬汁。再將一半量的4倒入其中鋪平，再放入剩餘的餅乾塗抹醬汁，最後倒入剩餘的奶油抹平，放入冰箱內冷藏2小時以上。
6 食用前用濾網將可可粉撒在上面即可。

多種醬汁

蘭姆酒

材料、作法（20cm方形模具1個份）
在醬汁的材料中加入1大匙蘭姆酒混合即可。

瑪律薩拉酒

材料、作法（20cm方形模具1個份）
在醬汁的材料中加入1大匙瑪律薩拉酒混合即可。

巧克力系列

甘納許

材料（易製作的分量）
甜巧克力…100g
鮮奶油…50g

1 巧克力中加入鮮奶油

將巧克力切碎後放入碗中，分次加入即將煮沸的鮮奶油使其融化。

2 使用橡膠刮刀攪拌

一邊輕輕攪拌使巧克力融化，一邊保持巧克力裡不進入空氣。

3 攪拌至順滑

攪拌至巧克力全無顆粒。

巧克力調溫

材料（易製作的分量）

巧克力…100g

事前準備

●巧克力切碎。

所謂巧克力調溫

通過溫度調節使巧克力中含有的可可油結晶變回最穩定的狀態。進行巧克力調溫後再次將其冷卻凝固時，巧克力會呈現更為美麗的光澤和入口即溶的滑膩口感。

1 隔水加熱

將巧克力放入碗中，外部用50～60℃熱水加熱。

↓

2 提高溫度

提高巧克力的溫度為50℃（溶解溫度）保證巧克力融化成柔滑的狀態（巧克力溫度一旦下降即要更換外部的熱水）。

↓

3 去掉外部熱水降溫

巧克力的溫度達到50℃時撤掉熱水，使巧克力的溫度降到28℃（下降溫度）。

4 隔水加熱提高溫度

當巧克力的溫度下降到28℃時再次隔水加熱使其升至32℃（調整溫度）。

↓

5 凝固後巧克力富有光澤即為成功

用刮刀的底部輕壓，若巧克力變乾且有光澤即為完成。

巧克力調溫溫度表

種類	溶解溫度	下降溫度	調整溫度
甜巧克力	50～55℃	27～29℃	31～32℃
牛奶巧克力	45～50℃	26～28℃	29～30℃
白巧克力	40～45℃	26～27℃	29～29℃

巧克力蛋糕

Gateau chocolat

糖粉就是它最好的裝飾搭配。巧克力風味濃厚誘人的甜品

材料（直徑18cm的圓形模具1個份）

甜巧克力…100g
低筋麵粉…40g
可可粉…60g
無鹽奶油…80g

A　蛋黃…4個
細砂糖…40g
鮮奶油…85g

B　蛋白…3個
細砂糖…40g

事前準備

- 巧克力切碎。
- 低筋麵粉和可可粉混合後過篩。
- 模具底部鋪一張烘焙紙。
- 烤箱預熱至180℃。

作法

1 碗中放入巧克力和奶油，隔水加熱融化。
2 另一個碗中放入A的蛋黃攪散，再加入細砂糖和鮮奶油攪打至乳狀。
3 把1加入2中混合攪拌。
4 加入粉類混合攪拌。
5 另一個碗中放入B的蛋白，再加入細砂糖製作蛋白霜（參照P.5）。
6 分2次把5加入4中切拌。
7 將麵糊倒入模具中放入180℃的烤箱中烘烤40分鐘左右，放涼後用篩子將糖粉（分量外）撒在上面即可。

多種奶油

紅茶奶油

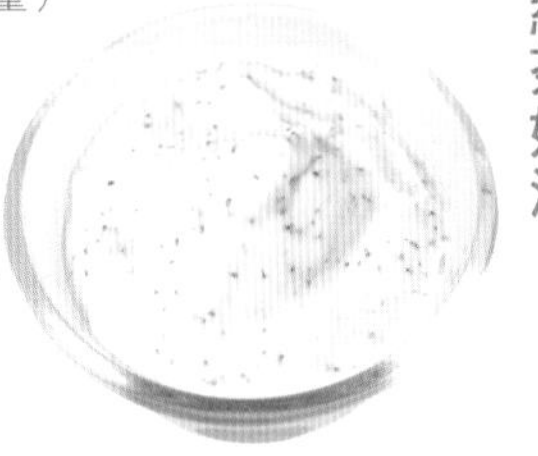

材料（易製作的分量）

鮮奶油…200g
細砂糖…20g
紅茶粉…2小匙

作法

將材料放入碗中打至八分發即可。

檸檬奶油

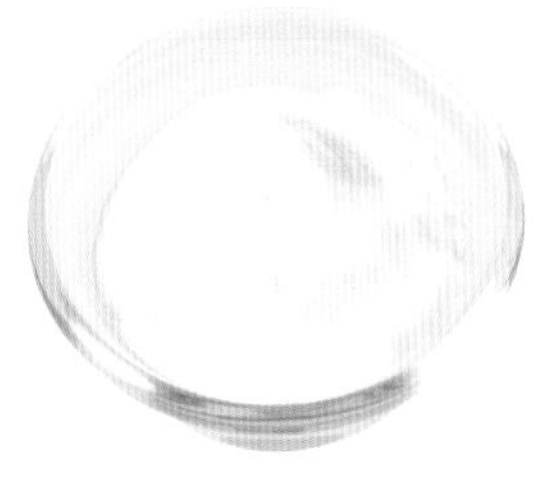

材料（易製作的分量）

鮮奶油…200g
蜂蜜…25g
檸檬皮（國產）…1/2個

作法

碗中放入鮮奶油和蜂蜜打至八分發。再加入磨碎的檸檬皮攪拌即可。

薩赫蛋糕

Sachertorte

不論是蛋糕還是裝飾
都是巧克力。
黃杏醬的酸味可以
恰到好處的中和巧克力
過於甜膩的口味。
喜歡蛋糕的您
一定不要錯過

材料（直徑18cm的圓形模具1個份）

麵糊
- 低筋麵粉…80g
- 甜巧克力…80g
- 無鹽奶油…80g
- 蛋黃…4個
- 細砂糖…50g
- 蛋白…4個
- 細砂糖…50g

果醬
- 黃杏醬…200g
- 水…15ml

巧克力糖衣
- 甜巧克力…100g
- 細砂糖…120g
- 水…50ml

事前準備
- 低筋麵粉混合後過篩。
- 巧克力切碎。
- 模具底部鋪一張烘焙紙。
- 烤箱預熱至180 ℃。

作法
1. 碗中放入巧克力和奶油，隔水加熱融化。
2. 碗中放入蛋黃攪散，再加入細砂糖攪打至有黏性。
3. 把1加入2中混合攪拌，再加入低筋麵粉攪拌至看不見粉類。
4. 另一個碗中放入蛋白，再加入細砂糖製作蛋白霜（參照P.5）。
5. 分2次把4加入3中攪拌均勻後，倒入模具中放入180℃的烤箱中烘烤20～25分鐘左右。
6. 鍋中放入果醬的材料加熱，煮至略微黏稠。
7. 製作巧克力糖衣。鍋中放入水和細砂糖加熱，細砂糖融化後關火加入巧克力攪拌。
8. 將烤好的蛋糕切一半厚度，中間塗抹6擺回原形，再將7從上方畫圈傾倒，注意側面也要淋上巧克力醬，最後放入冰箱冷藏。

松露巧克力

Truffle

柔滑的口感讓您愛不釋口，宛如洋酒一般成熟的味道。用可可或堅果做裝飾吧！

材料（15個份）
甜巧克力 …150g
鮮奶油…50g
白蘭地等…1/2小匙
頂部裝飾
可可粉、糖粉、堅果等…各適量

事前準備
●巧克力切碎。

作法
1 鍋中放入鮮奶油加熱，即將煮沸時關火。
2 碗中放入巧克力，加入1融化攪拌（參照P.86），再加入白蘭地。
3 放入冰箱冷藏凝固後，用手揉圓，撒上喜歡的裝飾。

多種甘納許

蘭姆酒

材料、作法（15個份）
參照松露巧克力的作法，在2中將白蘭地替換成1/2小匙蘭姆酒即可。

咖啡甜酒

材料、作法（15個份）
參照松露巧克力的作法，在2中將白蘭地替換成1/2小匙咖啡甜酒即可。

黑加侖甜酒

材料、作法（15個份）
參照松露巧克力的作法，在2中將白蘭地替換成1/2小匙黑加侖甜酒即可。

生巧克力

Raw chocolate

無需巧克力調溫
也可製作的甜品，
最適合初學者嘗試，
可謂入門級的巧克力甜品

材料
（11cmX14cm的容器1個份）
甜巧克力…100g
鮮奶油…50g
無鹽奶油…15g
可可粉…適量

事前準備
- 巧克力切碎。
- 容器內鋪一張烘焙紙。

作法
1. 鍋中放入鮮奶油加熱，即將煮沸時關火。
2. 碗中放入巧克力，再加入1攪拌均勻（參照P.86）。
3. 加入奶油混合攪拌。
4. 將3倒入容器內，放入冰箱冷藏2個小時使其凝固。
5. 切一口大小，可可粉放入廣口糖粉篩中逐一撒滿巧克力。

多種頂部裝飾

糖粉

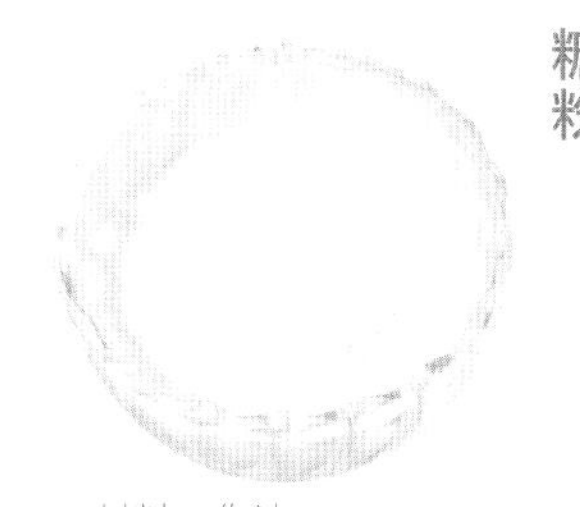

材料、作法
將可可粉替換成適量的糖粉即可。

肉桂糖

材料、作法
將可可粉替換成適量的肉桂糖即可。

杏仁片

材料、作法
將可可粉替換成適量的切碎的杏仁片即可。

巧克力達克瓦茲

Chocolate dacquoise

只要做好蛋白霜，甜品就可以說是製作完成了。好好享受它鬆軟清甜的口味吧！

材料（16個份）

麵糊
杏仁粉…50g
糖粉…40g
蛋白…2個
細砂糖…20g

巧克力奶油
甜巧克力…50g
鮮奶油…15ml
蘭姆酒…1/2小匙

事前準備
- 巧克力切碎。
- 杏仁粉和糖粉混合後過篩。
- 擠花袋搭配直徑1cm的圓形擠花嘴。
- 烤盤鋪一張烘焙紙。
- 烤箱預熱至180℃。

作法
1 碗中放入蛋白，一邊加入細砂糖一邊攪拌製作蛋白霜（參照P.5）。
2 分2次加入杏仁粉和糖粉，用橡膠刮刀輕輕攪拌，防止蛋白霜消泡。
3 將2放入擠花袋中，擠出直徑1.5cm的圓形麵糊，再在上面撒糖粉（分量外），放入180℃的烤箱內烘烤12～13分鐘，烤至表面薄脆。
4 碗中放入巧克力後隔水加熱融化，再加入鮮奶油和蘭姆酒快速攪拌。
5 將4夾入3中。

多種麵糊

可可麵糊

材料（16個份）
蛋白…2個
可可粉…25g
糖粉…30g
低筋麵粉…12g
細砂糖…20g

事前準備
- 可可粉、糖粉、低筋麵粉混合後過篩。

作法
參照巧克力達克瓦茲的作法，在2中將杏仁粉和糖粉替換成事前準備好的混合粉，分2次加入攪拌即可。

布朗尼

Brownie

咬上一口滿滿地
全是巧克力濃郁的甜香，
再搭配堅果的爽脆口感
堪稱一絕

材料
（20cmX20cm的方形模具1個份）

甜巧克力…120g
核桃…60g
無鹽奶油…90g
雞蛋…2個
細砂糖…100g
低筋麵粉…80g
泡打粉…1/2小匙

事前準備
- 巧克力切碎。
- 低筋麵粉和泡打粉混合後過篩。
- 模具內鋪一張烘焙紙。
- 烤箱預熱至180℃。
- 核桃放入烤盤內烘烤後用手弄碎。

作法
1. 碗中讓入巧克力和奶油隔水加熱融化。
2. 另一個碗中放入雞蛋攪散，再分2次加入細砂糖攪打至有黏性。
3. 把1加入2中混合攪拌，再放入粉類攪拌至看不見麵粉。
4. 加入核桃攪拌後，倒入模具中抹平表面，放入180℃的烤箱內烘烤20分鐘左右。

多種材料

棉花糖

材料、作法（20cmX20cm的方形模具1個份）
參照布朗尼的作法，在4中將核桃替換成30g棉花糖即可。

奶油起司

材料、作法
（20cmX20cm的方形模具1個份）
參照布朗尼的作法，在4中不放入核桃，直接將麵糊倒入模具內，再將50g奶油起司、25g糖粉、1/2小匙蘭姆酒攪打順滑後四處滴落在麵糊表面，輕輕攪拌仿作大理石紋即可。

黑莓

材料、作法（20cmX20cm的方形模具1個份）
參照布朗尼的作法，在4中將核桃替換成60g黑莓即可。

熔岩蛋糕

Fondant chocolat

所謂翻糖（fondant）即是融化的意思。如名所示此款蛋糕就是說融化的巧克力可從中流出

多種材料

覆盆子

材料、作法

參照熔岩蛋糕的作法，在4中麵糊倒入模具後加入適量覆盆子即可。

櫻桃白蘭地浸泡過的櫻桃

材料、作法

參照熔岩蛋糕的作法，在4中麵糊倒入模具後加入適量櫻桃即可。

柳橙皮

材料、作法

參照熔岩蛋糕的作法，在4中麵糊倒入模具後加入適量柳橙皮即可。

材料

（直徑6cm的錫製杯4個份）

甜巧克力…60g

低筋麵粉…20g

無鹽奶油…60g

雞蛋…2個

細砂糖…35g

事前準備

- 巧克力切碎。
- 低筋麵粉過篩。
- 烤箱預熱至190℃。

作法

1. 碗中放入巧克力和奶油，隔水加熱融化。
2. 另一個碗中攪散雞蛋，再加入細砂糖攪打至提起攪拌器後蛋液呈絲帶狀滴落的狀態。
3. 分2次將1加入2中攪拌，再加入低筋麵粉切拌。
4. 倒入模具中放入冰箱內冷藏1小時左右再放入190℃烤箱中烘烤8～10分鐘。

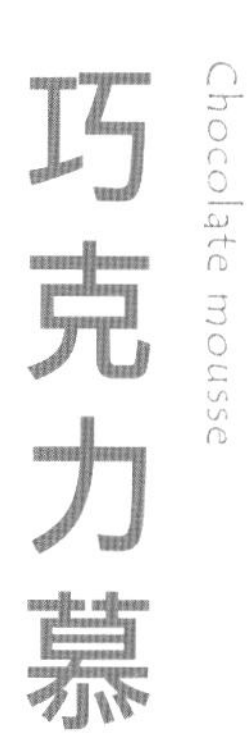

巧克力慕斯

Chocolate mousse

利用蛋白霜
讓慕絲入口即溶

材料（4人份）

甜巧克力…80g
雞蛋…2個
無鹽奶油…40g
細砂糖…20g
鮮奶油…100g

事前準備

- 巧克力切碎。
- 將雞蛋的蛋白蛋黃分離。

作法

1. 碗中放入巧克力和奶油，隔水加熱融化。
2. 分2次加入蛋黃攪拌。
3. 另一個碗中加入蛋白和細砂糖製作蛋白霜（參照P.5）。
4. 將3加入2中輕輕混合攪拌。
5. 將鮮奶油打至七分發，與4混合後倒入模具內放入冰箱冷藏凝固。

多種頂部裝飾

黑櫻桃醬&覆盆子

材料（易製作的分量）

A｜黑櫻桃罐頭的糖汁…1杯
　｜檸檬汁…1大匙
　｜玉米澱粉…1大匙
蘭姆酒…1大匙

頂部裝飾

覆盆子…適量

作法

鍋中放入A混合加熱，煮沸後糖汁變黏稠後關火，加入蘭姆酒混合即可。

蜂蜜檸檬奶油&檸檬皮

材料（易製作的分量）

A｜鮮奶油…200g
　｜蜂蜜…20g
檸檬皮（國產）…1/2個

頂部裝飾

檸檬皮…適量

作法

碗中放入A打至八分發，再加入磨碎的檸檬皮混合即可。

香草奶油&草莓

材料（易製作的分量）

鮮奶油…200g
細砂糖…15g
香草豆…少許

頂部裝飾

草莓…適量

作法

碗中放入A打至八分發即可。

四果巧克力

Mendiant

以巧克力為圓盤點綴
盛放堅果與水果的點心。
依喜好隨意裝飾吧！

材料（12個份）

白巧克力…120g
甜巧克力…120g
夏威夷堅果、
杏仁、柳橙皮、
無花果乾
…各適量

事前準備

●巧克力切碎。

作法

1 兩種巧克力分別調溫製作（參照P.87）。
2 將1倒在烘焙紙上做圓餅，量約為1大匙左右，趁巧克力還未凝固時將堅果點綴在上面。

作法

將喜歡的材料撒在圓盤巧克力上即可。

開心果

葡萄乾

檸檬皮

核桃

杏仁片

銀珠糖

蔓越莓

腰果

熱巧克力

Chocolat chaud

只要加入巧克力，
就能讓司空見慣的熱牛奶變得不同。
一個鍋即可搞定的簡單甜品

椰蓉

材料
椰蓉…適量

作法
將棉花糖替換成椰蓉即可。

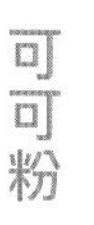

可可粉

材料
可可粉…適量

作法
將棉花糖替換成可可粉即可。

肉桂

材料
肉桂…適量

作法
將棉花糖替換成肉桂即可。

材料（2人份）
甜巧克力…50g
牛奶…300ml
棉花糖…適量

事前準備
●巧克力切碎。

作法
1 鍋中放入巧克力和牛奶，中火加熱將巧克力煮化。
2 將巧克力牛奶倒入杯中，點綴棉花糖。

水果乾巧克力

Dried fruit chocolate

只需將水果
浸入融化的巧克力
即可簡單完成多彩甜品

材料
柳橙皮…適量
甜巧克力…100g

事前準備
●巧克力切碎。

作法
1 巧克力調溫處理（參照P.87）。
2 將柳橙皮沾滿1。

多種材料

作法
將喜歡的材料沾滿巧克力即可。

香蕉片

奇異果乾

杏仁

無花果乾

鳳梨乾

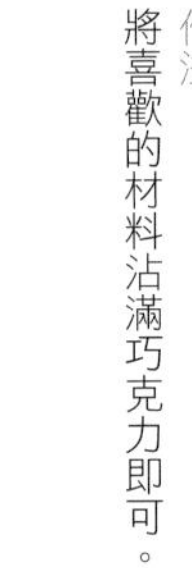
芒果乾

Chocolate bar

巧克力脆片

堅果、穀物類、水果乾……
無需費心安排食材的搭配，
只要喜歡就可以隨便混進去

多種頂部裝飾

作法
將喜歡的材料加入巧克力中即可。

混合莓

混合堅果

全麥餅乾

材料
甜巧克力…100g
蔓越莓乾…40g
穀物類…40g

事前準備
- 方平底盤上鋪一張烘焙紙。
- 巧克力、蔓越莓乾分別切碎。

作法
1. 將巧克力放入耐熱容器內，以微波爐（600W）加熱約1分鐘。
2. 加入蔓越莓乾、穀物類充分攪拌。
3. 倒入方平底盤中抹平表面，再放入冰箱內冷藏凝固後切碎。

義式冰淇淋系列

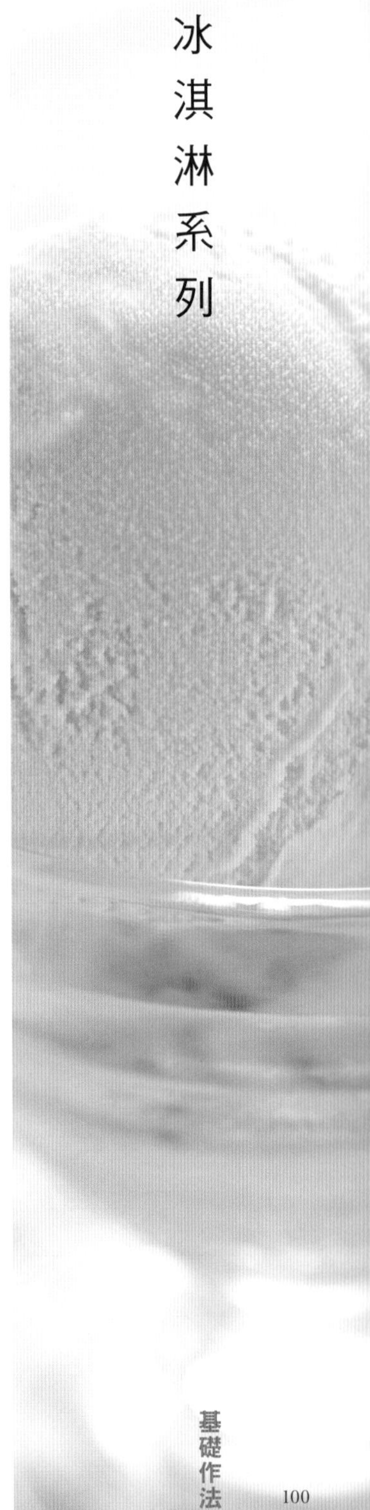

香草冰淇淋

材料（4人份）
蛋黃…2個
細砂糖…40g
香草精…少許
牛奶…200ml
鮮奶油…100g

詳細步驟參照P.102

1 加入蛋黃、香草精、細砂糖混合

碗中放入蛋黃、香草精攪散，再加入細砂糖攪打至有黏性。

2 加入牛奶

分次加入即將煮沸的牛奶。

3 攪拌

攪拌至液體順滑。

4 過濾

使用濾網過濾**3**後倒入鍋中，用小火加熱至液體略黏稠後關火冷卻。

5 打發鮮奶油

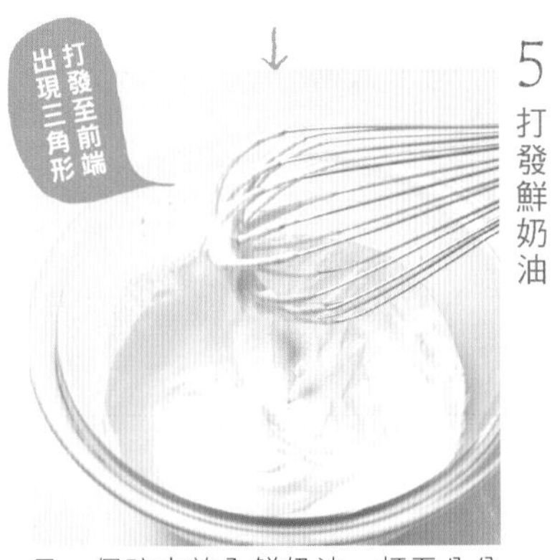

另一個碗中放入鮮奶油，打至八分發。

6 將5加入4中

分2次將**5**加入**4**中攪拌。

香草豆的使用方法

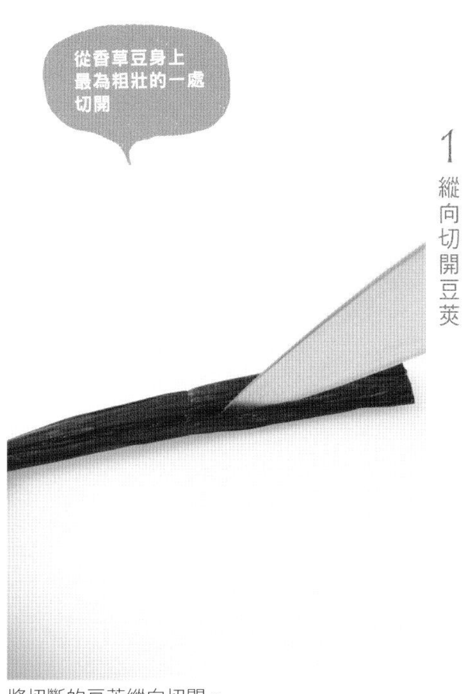

1 縱向切開豆莢

將切斷的豆莢縱向切開。

↓

2 取出種子

用刀背取出種子。

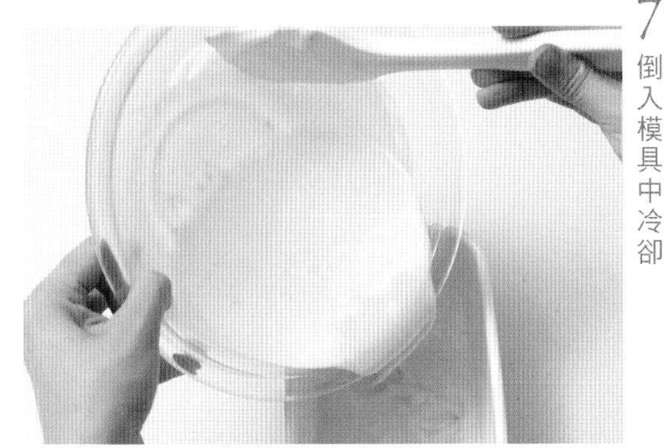

7 倒入模具中冷卻

將液體倒入模具中，放入冰箱內冷凍1小時左右。

↓

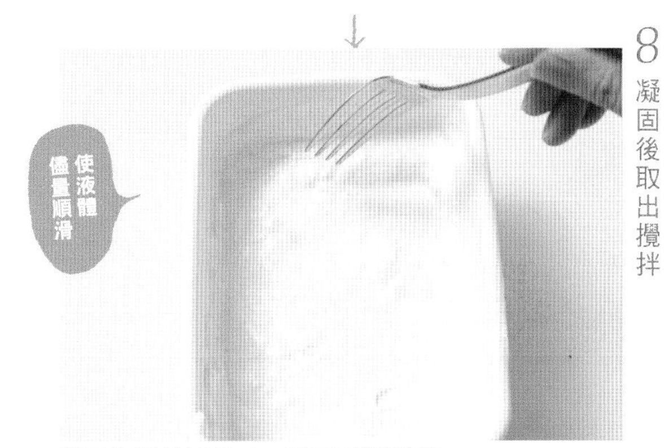

8 凝固後取出攪拌

凝固後從冰箱內取出，用叉子攪拌整體。

↓

9 放置1小時後再攪拌

放置1小時後重複3～4次步驟8。

香草冰淇淋

Vanilla ice

清甜柔和的口味讓它躋身最受歡迎的冰淇淋之列。仔細攪拌是讓它口感絕佳的祕訣

材料（4人份）

蛋黃…2個
細砂糖…40g
牛奶…200ml
鮮奶油…100g
香草精…少許

作法（參照P.100）

1 碗中放入蛋黃、香草精攪散，再加入細砂糖攪打至有黏性。
2 鍋中放入牛奶加熱，再分次加入1中攪拌。
3 使用濾網過濾後倒入鍋中，用小火加熱至液體略黏稠後關火冷卻。
4 鮮奶油打至八分發。
5 當3冷卻後與4混合，倒入容器中後放入冰箱內冷凍1小時後用湯匙攪拌3～4次。

多種材料

酸味奶油&蘭姆酒葡萄乾

材料

酸味奶油…適量
蘭姆酒葡萄乾…適量

作法

將酸味奶油和蘭姆酒葡萄乾放入香草冰淇淋中混合攪拌即可。

腰果&柳橙皮

材料

腰果…適量
柳橙皮…適量

作法

將腰果和柳橙皮放入香草冰淇淋中混合攪拌即可。

棉花糖&餅乾

材料

棉花糖…適量
奧利奧等夾心餅乾…適量

作法

將碾碎的餅乾和棉花糖放入香草冰淇淋中混合攪拌即可。

凍優酪乳

Frozen Yogurt

富有優酪乳
獨特清爽酸味的甜品。
製作簡單也是讓它
大受歡迎的原因

原味優酪乳
蜂蜜
鮮奶油
檸檬汁
覆盆子

多種頂部裝飾

藍莓醬

材料、作法
將凍優酪乳盛入容器內後，撒適量藍莓醬即可。

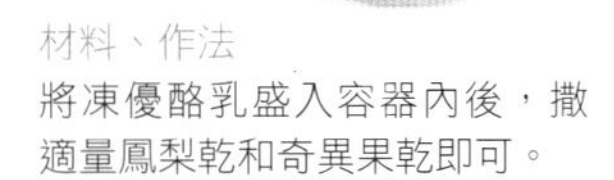

鳳梨乾&奇異果乾

材料、作法
將凍優酪乳盛入容器內後，撒適量鳳梨乾和奇異果乾即可。

蜂蜜&核桃

材料、作法
將凍優酪乳盛入容器內後，撒適量蜂蜜與核桃即可。

材料（4人份）
原味優酪乳…200g
蜂蜜…60g
鮮奶油…100g
檸檬汁…1小匙
覆盆子…適量

作法
1 碗中放入除覆盆子以外的所有材料並混合攪拌，再將碗放入冰箱內冷凍凝固。
2 冷凍1～2小時後用叉子攪拌2或3次放置裡面有空氣（重複2或3次）。
3 將冰淇淋盛入容器內點綴覆盆子。

義式冰淇淋

Gelato

使用豐富的新鮮草莓製作而成的奢侈甜品。清爽的水果酸甜滋味讓人回味無窮

多種口味

黃桃

材料
黃桃（罐頭）…2塊
牛奶…60ml
細砂糖…30g

作法
1 黃桃放入冰箱內冷凍。
2 加入牛奶、細砂糖後放入攪拌機內攪拌，再倒入容器中放入冰箱內冷凍凝固。

香蕉優酪乳

材料
香蕉…2根
原味優酪乳…100g
牛奶…100ml
細砂糖…30g

作法
1 香蕉切一口大小冷凍。
2 加入優酪乳、牛奶、細砂糖後放入攪拌機內攪拌，再倒入容器內放入冰箱裡冷凍凝固。

草莓

鮮奶油

細砂糖

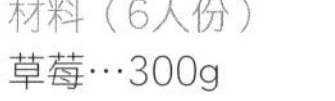

檸檬汁

材料（6人份）
草莓…300g
鮮奶油…100g
細砂糖…50g
檸檬汁…1大匙

作法
1 碾碎草莓做成果醬狀。
2 鮮奶油、細砂糖、檸檬汁混合後放入容器中。
3 放入冰箱冷凍1小時左右再用湯匙攪拌（重複3次左右）。

果子露

Sherbet

使用果汁加細砂糖即可輕鬆製作完成。最適合夏季飲用

材料（4人份）
檸檬汁…200ml
細砂糖…50g

作法
1 將材料放入容器中混合後，放入冰箱冷凍凝固。
2 放置1～2小時後用叉子攪拌（重複3次左右）。

多種口味

哈密瓜

材料（4人份）
哈密瓜…300g　櫻桃白蘭地…1大匙
細砂糖…80g

作法
1 哈密瓜去皮去種，切3～4cm的塊。
2 碗中放入哈密瓜、細砂糖、櫻桃白蘭地，放入冰箱內冷藏1天。
3 將凍硬的哈密瓜放入攪拌機內打成含有空氣的稠糊狀。
4 倒入容器內，再放入冰箱內冷凍3～4小時。

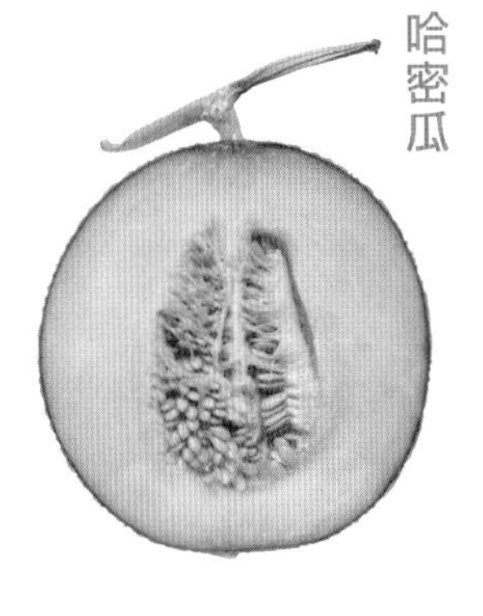

桃子汁

材料、作法（4人份）
參照果子露的作法，在1中將檸檬汁替換成200ml桃子汁即可。

水果冰棒

Frozen fruit bar

顏色豐富豔麗，各色水果滿滿的水果冰棒，不僅外觀華麗，味道也讓人驚豔

材料（6根份）
果汁…300g
喜歡的水果…120g

糖汁（易製作的分量）
細砂糖…50g
水…35ml

事前準備
- 糖汁的材料加熱煮沸後放涼。
- 用一半量的糖汁浸泡水果一整晚。

作法
1. 將果汁與糖汁（2大匙）混合。
2. 倒入模具中再將水果貼在模具的側面，放入冰箱內冷凍6～8小時。

多種口味

橙汁底味＆柳橙、西柚

材料（易製作的分量）
橙汁…300g
柳橙、西柚…120g

作法
將喜歡的水果和果汁替換成橙汁、柳橙、西柚即可。

針葉櫻桃果汁底味＆草莓、蔓越莓

材料（易製作的分量）
針葉櫻桃果汁…300g
草莓、蔓越莓…120g

作法
將喜歡的水果和果汁替換成針葉櫻桃果汁、草莓、蔓越莓即可。

薑汁清涼飲料底味＆鳳梨、奇異果、檸檬

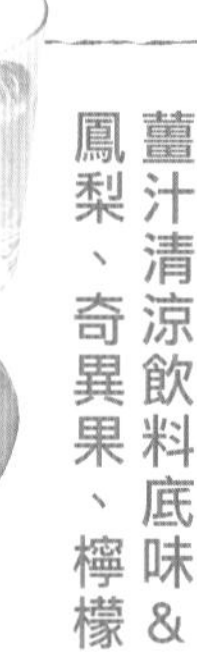

材料（易製作的分量）
薑汁清涼飲料…300g
鳳梨、奇異果、檸檬…120g

作法
將喜歡的水果和果汁替換成薑汁清涼飲料、鳳梨、奇異果、檸檬即可。

聖代

Parfait

冰淇淋、餅乾、水果的自由組合盛宴。簡單即可製成的華麗甜品

多種頂部裝飾

抹茶聖代

材料（易製作的分量）
黑豆…適量
黃桃（罐頭）…適量
抹茶冰淇淋…適量
紅豆餡…適量
穀物類…適量

作法
將材料與冰淇淋分層交替裝入玻璃杯中即可。

草莓聖代

材料（易製作的分量）
頂部裝飾
巧克力醬汁…適量
草莓…適量
草莓冰淇淋…適量
巧克力碎餅乾…適量
香草奶油
鮮奶油…200g
細砂糖…15g
香草豆…少許

作法
1 碗中放入香草奶油的材料，打至八分發製作成香草奶油。
2 將材料與奶油分層交替裝入玻璃杯中即可。

吉利丁・寒天

吉利丁粉的使用方法

吉利丁的特徵

原材料採用動物性蛋白質，因此遇冷凝固。吉利丁片的透明感與保水性更佳，製作出來的甜品更為美觀。而吉利丁粉製作的甜品顏色透明中略帶黃色，口感彈牙卻又能慢慢溶於口中。

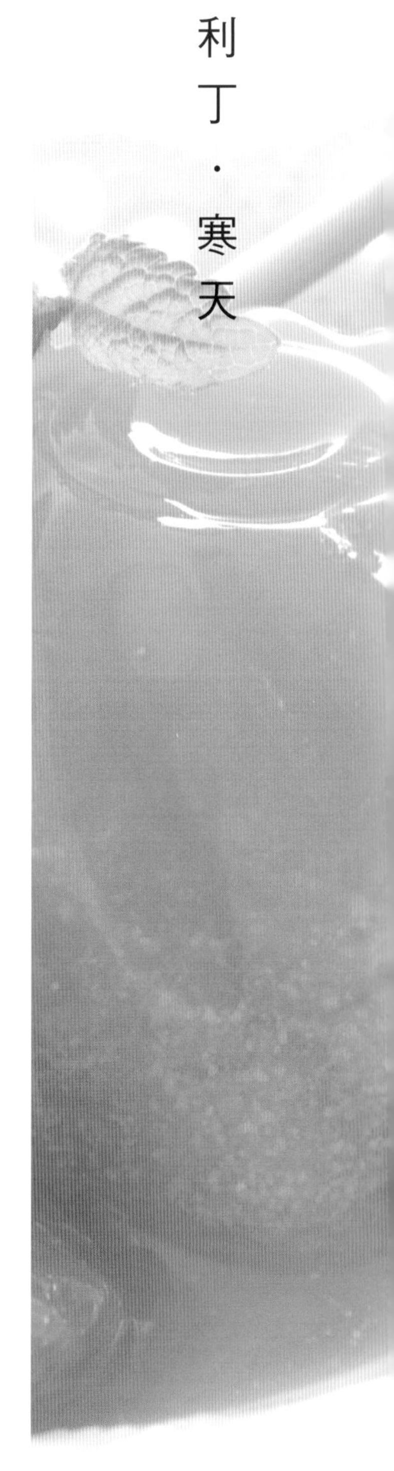

1 準備吉利丁粉與水

水的用量是吉利丁粉的3倍。

2 將吉利丁粉倒入水中

務必是將吉利丁粉倒入水中。如順序顛倒將水加入吉利丁粉中，會導致吉利丁粉結塊。

3 變成膠狀

變成有彈性的膠裝即可使用。

寒天的使用方法

寒天的特徵
將石花菜等紅藻類煮化凝固後再將其冷凍乾燥得到的產物。含有豐富的食物纖維且不含卡路里。加熱即可融化，溫度低於40℃便可重新凝固。顏色呈白濁色，口感順滑。非常適合製作日式甜品。

1 將寒天棒放入水中

將寒天棒放入水中泡軟。

↓

2 變軟後擠乾水分

寒天變軟後，用手擠乾水分即可使用。

吉利丁片的使用方法

1 泡水

將吉利丁片泡水。

↓

2 10分鐘左右即可變軟

一旦變軟即可收乾水分使用。

果凍 Jelly

利用吉利丁冷卻凝固製作而成的涼爽點心。Q彈透明的樣子讓人涼到心裡

材料（350ml4個份）

果凍液
吉利丁片…5g
桃子汁…300ml
檸檬汁…2小匙

糖汁
蜂蜜…4大匙
檸檬汁…1/2個
君度橙酒水等柳橙利口酒…1小匙

事前準備
- 吉利丁片放入水（分量外）中泡軟（參照P.109）
- 糖汁的材料混合

作法
1. 鍋中放入果汁和檸檬汁加熱，即將煮沸時關火。
2. 關火後將擠乾水分的吉利丁片放入其中。
3. 放涼後倒入模具中，放入冰箱冷藏凝固。盛入容器內淋上糖汁。

多種口味

紅酒

材料（4人份）
A | 細砂糖…4大匙
  | 水…300ml
B | 吉利丁粉…10g
  | 水…4大匙
C | 紅酒…200ml
  | 檸檬汁…2小匙

事前準備
吉利丁粉片放入水中融化（參照P.108）。

作法
1. 鍋中放入A煮化。關火後加入B，攪拌融化後加入C。
2. 放涼後倒入模具中，放入冰箱冷藏2小時使其凝固。

柳橙

材料（4人份）
柳橙…2個
細砂糖…1大匙
A | 金萬利等柳橙利口酒…1小匙
  | 檸檬汁…1小匙
吉利丁粉…5g
水…2大匙

事前準備
- 吉利丁粉放入水中融化（參照P.108）。
- 一個柳橙榨取100ml的果汁，再加入細砂糖攪拌。另一個柳橙去外皮和內裡薄皮，拆散後放入碗中，加入A。

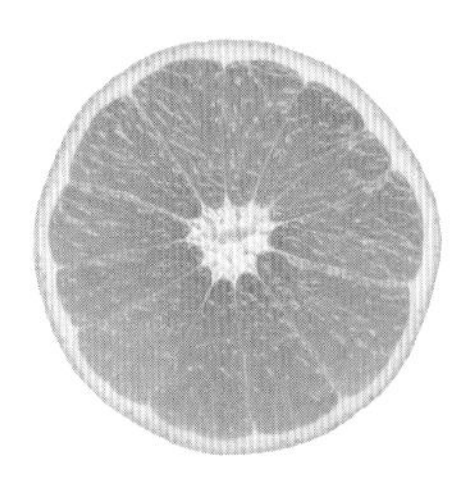

作法
1. 將浸泡的吉利丁放入耐熱容器中，以微波爐（600W）加熱20秒。
2. 將100ml果汁與拆散的柳橙一同混合做成250ml的果粒果汁後，與1混合攪拌。
3. 一邊用冰水冷卻，一邊用橡膠刮刀攪拌。直至液體變黏稠，保持果粒不沉澱倒入模具內，再放入冰箱內冷凍1小時左右使其凝固。

慕絲 Mousse

法語中這是泡泡的意思
以鮮奶油與蛋白霜打造的口感
呈現輕盈柔軟的甜品，
給予舌頭至高無上的享受

優酪乳慕絲

材料（4個份）
A｜原味優酪乳…400g
　細砂糖…30g
　檸檬皮（國產）…1個
吉利丁粉…5g
水…2大匙
鮮奶油…100g

事前準備
- 吉利丁粉放入水中融化（參照P.108）。
- 鮮奶油用冰水冷卻打至七分發。
- 檸檬皮磨碎。

作法
1. 碗中放入A攪拌均勻。
2. 從1中取1飯勺的量放入另一個碗中隔水加熱。
3. 加入浸泡好的吉利丁攪拌均勻。
4. 將一半量的3加入1中攪拌，攪拌至順滑後再放入剩下的充分攪拌，最後加入鮮奶油充分攪拌。
5. 倒入模具中放入冰箱冷藏2小時左右使其凝固。

多種口味

材料（4人份）
牛奶…100ml
抹茶…1大匙
熱水…2大匙
吉利丁粉…5g
水…2大匙
鮮奶油…150g
蛋白…2個
細砂糖…30g

事前準備
- 吉利丁粉放入水中融化（參照P.108）。
- 抹茶用熱水衝開。

作法
1. 鍋中放入牛奶，中火加熱至即將煮沸。
2. 關火後放入吉利丁融化，再加入抹茶攪拌，底部用冰水降溫的同時用橡膠刮刀攪拌至變黏稠。
3. 碗中放入蛋白和細砂糖製作蛋白霜（參照P.5）。
4. 鮮奶油打至八分發。
5. 將4加入2中攪拌，再分2次加入3中攪拌均勻。
6. 將5倒入模具中再放入冰箱冷藏凝固，食用時點綴裝飾。

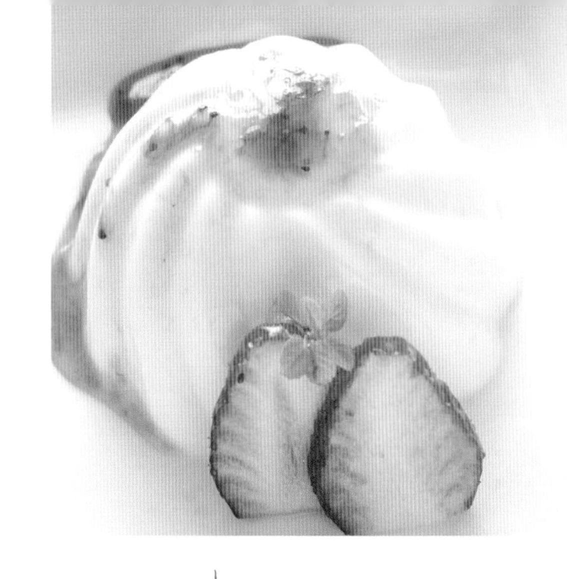

牛奶巴伐利亞布丁

Milk Bavarian cream

外形質樸充滿牛奶香甜的
純白巴伐利亞布丁，
搭配草莓醬汁味道絕佳

牛奶
香草精
鮮奶油
水
吉利丁粉
蛋黃
細砂糖

材料（4人份）
牛奶……200ml
蛋黃…1個
細砂糖…50g
吉利丁粉…5g
水…3大匙
鮮奶油…100g
香草精…少許
裝飾
草莓…適量
草莓醬…適量

事前準備
●吉利丁粉放入水中融化（參照P.108）。

作法
1 碗中放入蛋黃攪散，加入細砂糖充分攪拌。
2 鍋中放入牛奶加熱，即將煮沸時關火。
3 一點點將2加入1中攪拌，過濾後倒回鍋中加熱至略顯黏稠。
4 關火後放入吉利丁融化，再加入香草精攪拌，底部用冰水降溫的同時用橡膠刮刀攪拌至變黏稠。
5 鮮奶油打至七分發，分次加入4中混合攪拌。
6 倒入模具中再放入冰箱冷藏凝固。盛入容器內點綴草莓片與草莓醬。

多種口味

藍莓

材料（4人份）
A｜凍藍莓…200g
　｜細砂糖…50g
原味優酪乳…200g
吉利丁粉…5g
水…2大匙
鮮奶油…100g

事前準備
●吉利丁粉放入水中融化（參照P.108）。
●藍莓輕輕碾碎。

作法
1 將A放入耐熱容器中以微波爐（600W）加熱2分鐘。
2 加入原味優酪乳混合攪拌後加入吉利丁。
3 鮮奶油打至七分發。
4 將2放在冰水上，略變黏稠後加入3攪拌。
5 倒入模具中再放入冰箱冷藏凝固。

杏仁豆腐

Annin tofu

杏仁與牛奶
相融合的美味，
多種口味的糖汁
又會賦予它新的變化

材料（4人分）

液体

A｜牛奶…300ml
　煉乳…1大匙
　細砂糖…20g

杏仁精…少許
吉利丁粉…5g
水…2大匙

糖汁

水…50ml
細砂糖…50g

事前準備

● 吉利丁粉放入水中融化（參照P.108）。
● 糖汁的材料混合。

作法

1. 鍋中放入A加熱，再加入細砂糖融化後關火。
2. 加入吉利丁使其融化，再加入杏仁精。
3. 底部放在冰水上用橡膠刮刀攪拌至略黏稠。
4. 倒入容器內放入冰箱冷藏凝固，食用前淋上糖汁。

多種醬汁

椰子醬汁

材料
（易製作的分量）

A｜牛奶…200ml
　玉米澱粉…12g
　椰子粉…30g
　細砂糖…50g

椰蓉…適量

作法

將A倒入鍋中加熱，用木勺攪拌。煮至略帶黏稠後放涼，倒在杏仁豆腐上後撒上椰蓉。

黃桃醬汁

材料（易製作的分量）

黃桃（罐頭）…3塊
細砂糖…30g
桃子利口酒…1小匙

作法

將2塊黃桃和其他材料放入攪拌器內打至糊狀，再將剩餘的黃桃切成7mm大的塊倒入其中即可。

芒果醬汁

材料（易製作的分量）

A｜芒果…100ml
　細砂糖…50g
　檸檬汁…1/2個
　玉米澱粉…1小匙

君度等柳橙利口酒…1大匙

作法

1. 將A倒入鍋中加熱攪拌。
2. 即將煮沸後關火，加入柳橙利口酒放涼。

意式奶凍

Panna cotta

Panna的含義是指鮮奶油，而Cotta則是指加熱，這款可是義大利非常流行的甜品

材料（4～6人份）
牛奶…300ml
鮮奶油…200g
細砂糖…50g
吉利丁粉…8g
水…50ml
蘭姆酒…1大匙

事前準備
●吉利丁粉放入水中融化（參照P.108）。

作法
1 鍋中放入牛奶、鮮奶油、細砂糖加熱，細砂糖融化後關火。
2 加入吉利丁使其融化。
3 底部放在冰水上用橡膠刮刀攪拌至略黏稠，加入蘭姆酒。
4 倒入容器內放入冰箱冷藏凝固。

多種口味

黃桃醬汁

材料（易製作的分量）
黃桃（罐頭）…3塊
細砂糖…30g
桃子利口酒…1小匙

作法
將2塊黃桃和其他材料放入攪拌器內打至糊狀，再將剩餘的黃桃切成7mm大的塊倒入其中即可。

卡士達醬汁

材料（易製作的分量）
A | 牛奶…200ml
蛋黃…2個
細砂糖…60g
香草豆…1/2根

作法
1 碗中放入A，加入香草豆中黑色的種子（參照P.101），充分攪拌後放入鍋中。
2 小火加熱用木湯匙攪拌。攪拌至黏稠的稠糊狀後倒入碗中，底部放在冰水上攪拌冷卻。

草莓醬汁

材料（易製作的分量）
草莓…100g
A | 細砂糖…50g
白蘭地…1小匙

作法
草莓洗淨後去蒂，與A一起放入攪拌器內攪打至順滑即可。

日式點心

紅豆餡

紅豆餡

材料（約1000g）
紅豆…300g　上白糖…200～250g
水…800ml　鹽…1小撮

1 紅豆浸泡一晚

紅豆流水洗淨後放入碗中，用水浸泡一整晚。

↓

2 浸泡一晚的紅豆

收乾浸泡紅豆的水。

↓

3 煮紅豆

鍋中放入水和紅豆加熱，煮沸後轉小火燉煮。

4 加入上白糖

紅豆煮軟後加入上白糖。

↓

5 不斷攪拌防止煮焦

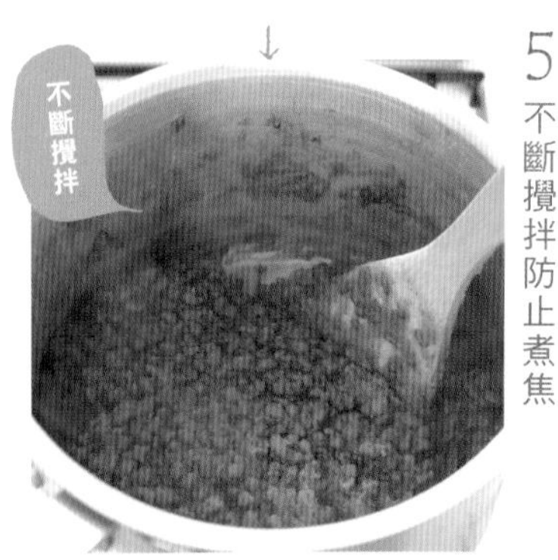

為防止煮焦需要用木湯匙不斷攪拌，最後加入鹽。

↓

6 保存

倒入容器內放入冰箱保存。

栗子蒸羊羹

材料（11cmX14cmX4.5cm的玉子豆腐器1個份）

- 甜煮栗子…180g
- 豆沙餡…300g
- 低筋麵粉…30g
- 太白粉…10g
- 上白糖…30g
- 鹽…1小撮
- 熱水…30ml

事前準備

模具內鋪一張烘焙紙。
低筋麵粉過篩。
蒸鍋的熱水燒開。

詳細步驟參照P.120

烘焙紙的切法

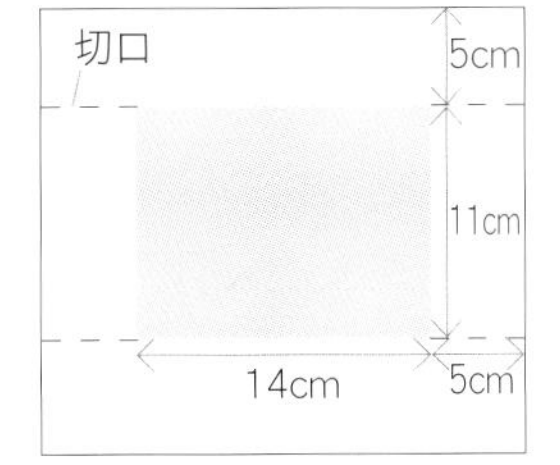

使用模具的尺寸

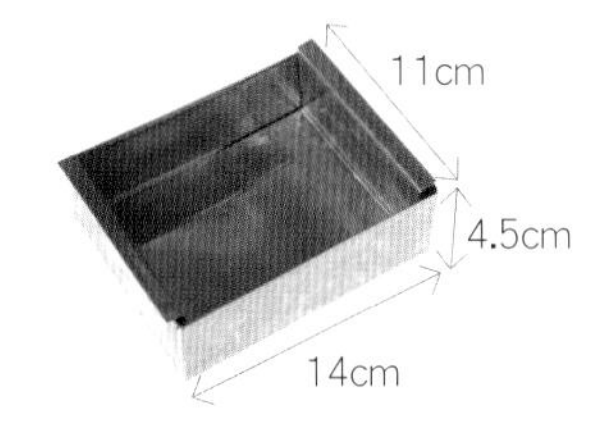

1 準備模具

將烘焙紙剪得跟模具一樣大後鋪在裡面。

2 豆沙餡加上白糖

豆沙餡中加入上白糖，用橡膠刮刀邊切邊攪拌。

3 加入低筋麵粉

加入低筋麵粉攪拌至看不見麵粉。

4 加入太白粉、鹽

加入太白粉、鹽繼續攪拌。

5 加入熱水濕潤麵團

分數次加入熱水，充分攪拌。

6 讓豆沙變柔軟

攪拌至提起刮刀後，豆沙大面積緩緩滑落的程度。

7 加入栗子攪拌

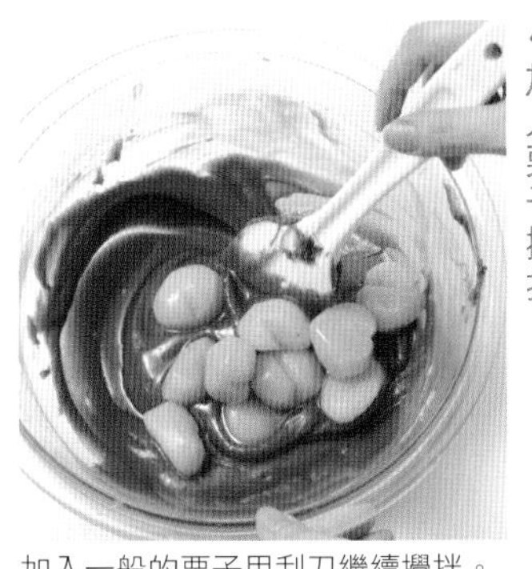

加入一般的栗子用刮刀繼續攪拌。

8 倒入模具中，上面擺放栗子

將豆沙倒入模具中，表面抹平後擺放剩餘的栗子。

9 蒸

放入冒蒸汽的蒸鍋中蒸30～40分鐘。

練切

材料（10個份）
白豆餡…200g
求肥…20g
抹茶…適量
食用紅色素…適量

求肥（易製作的分量）
糯米粉…50g
水…100ml
上白糖…10g

詳細步驟參照P.122

1 糯米粉內一點點加水化開

耐熱碗內放入糯米粉，一邊加水一邊攪拌融化。

↓

2 加入上白糖

加入上白糖攪拌，不包保鮮膜以微波爐（600W）加熱1～2分鐘，充分攪拌。

↓

3 攪拌至順滑

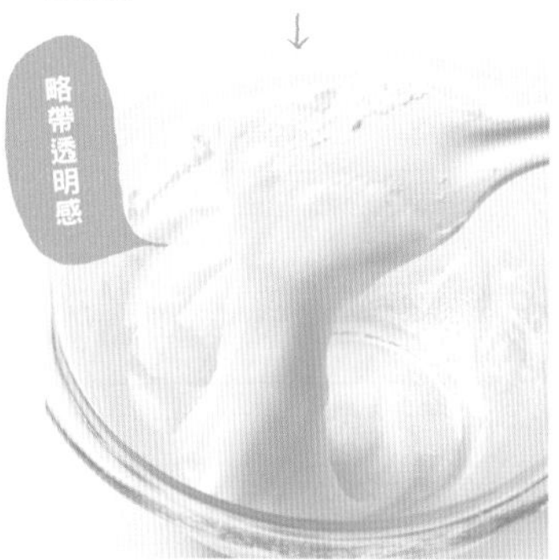

用微波爐加熱1分鐘後繼續攪拌，再次加熱1～2分鐘。攪拌至全體有透明感，且黏黏的狀態。

4 放入方平底盤中

將麵團放入撒滿太白粉的方平底盤中放涼，即可完成求肥的製作。

↓

5 攪拌白豆餡

另一個耐熱容器中放入白豆餡，以微波爐加熱2分鐘左右，去除水分。再分數次將求肥加入其中攪拌。

↓

6 攪拌至順滑

將碗中的麵團攪拌得略有延展性。

練切

7 沾取食用紅色素

用水將食用紅色素化開後用小塊麵團沾取，揉捏至顏色均勻。

↓

8 加入剩餘的麵團繼續攪拌

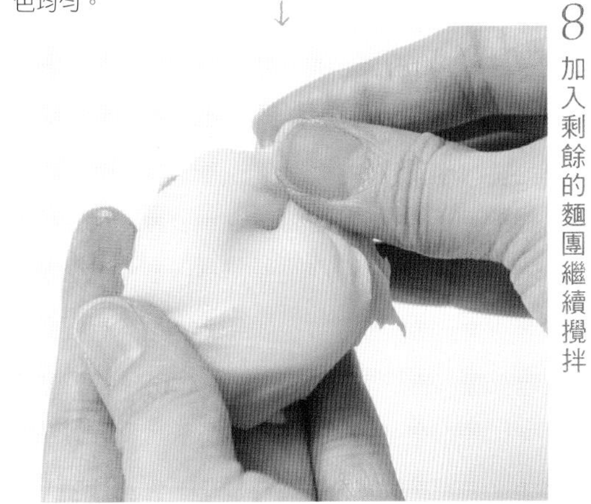

加入剩餘的麵團，將其整體揉捏得顏色均勻。

↓

9 沾取抹茶

用少量的麵團直接沾取抹茶粉，跟製作食用紅色素麵團一樣，揉捏至顏色均勻。

10 將2種顏色的麵團擺在布上

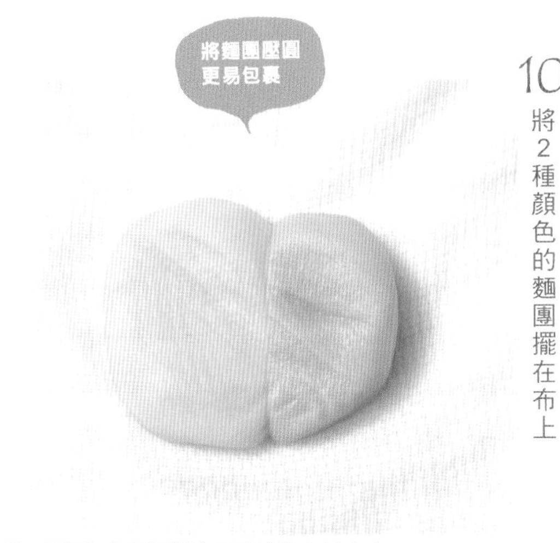

將2種顏色的麵團擺在厚實擠乾水的布上。

↓

11 用布包裹麵團

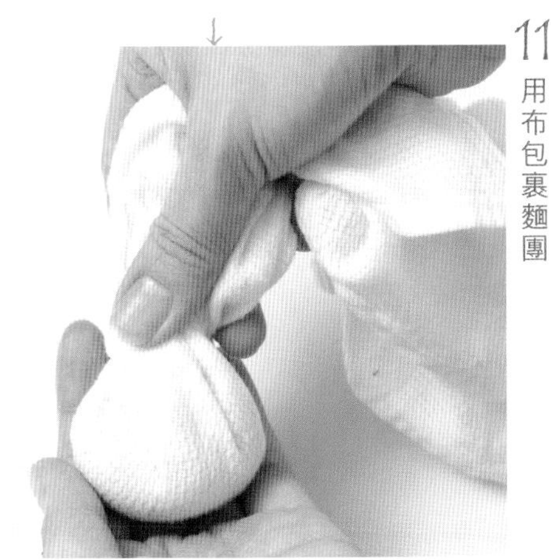

將麵團包起來，像擠茶巾一樣收緊。

↓

12 塑形

調整形狀，完成。

栗子蒸羊羹

Kuri yokan

不論表裡
都含有豐富的栗子，
口感絕佳

多種材料

無花果乾&核桃

材料（11cmX14cmX4.5cm的玉子豆腐器1個份）

A | 豆沙餡…250g
低筋麵粉…20g
太白粉…1/2大匙

B | 上白糖…30g
鹽…1小撮

熱水…60ml
無花果乾…10個
核桃…50g

事前準備
- 模具內鋪一張烘焙紙。
- 低筋麵粉過篩。
- 蒸鍋的熱水燒開。
- 無花果切碎。
- 核桃切碎。

作法
1 碗中放入A攪拌。
2 加入B攪拌，再分次加入熱水。
3 加入無花果和核桃攪拌，倒入模具中抹平表面。
4 放入冒蒸汽的蒸鍋中蒸30分鐘左右。

材料
（11cmX14cmX4.5cm的玉子豆腐器1個份）
低筋麵粉…30g
豆沙餡…300g
上白糖…30g
太白粉…10g
鹽…1小撮
熱水…60ml
甜煮栗子…180g

事前準備
- 模具內鋪一張烘焙紙。
- 低筋麵粉過篩。
- 蒸鍋的熱水燒開。

作法（參照P.117）
1 碗中放入豆沙餡和上白糖充分攪拌。
2 加入低筋麵粉、太白粉、鹽攪拌。
3 有黏性後分次加入熱水攪拌。
4 攪拌至提起刮刀後豆沙大面積緩緩滑落的程度，加入一半量的栗子。
5 將4倒入模具中抹平表面，擺放剩餘的栗子。
6 放入冒蒸汽的蒸鍋中蒸30～40分鐘。

水羊羹

Mizu yokan

入口水潤柔軟的口感讓人陶醉

材料（11cmX14cmX4.5cm的玉子豆腐器1個份）

寒天棒…1/2根
水…300ml
上白糖…20g
豆沙餡…200g
鹽…1小撮

事前準備

- 寒天棒泡水變軟（參照P.109）。
- 玉子豆腐器用水沾濕。

作法

1 鍋中放入已收乾水掐碎的寒天和水加熱，直至寒天融化。
2 寒天融化後加入上白糖和豆沙餡攪拌，加鹽後關火。
3 將豆沙倒入模具內散熱放涼後，放入冰箱裡冷藏凝固。

多種口味

蜂蜜

材料（11cmX14cmX4.5cm的玉子豆腐器1個份）

A | 水…300ml
  | 寒天棒…1/2根
B | 蜂蜜…120g
  | 豆沙餡…200g
鹽… 少許

作法

參照水羊羹的作法，在2中加入B混合後放鹽關火。倒入模具內散熱放涼後，放入冰箱裡冷藏凝固。

抹茶

材料（11cmX14cmX4.5cm的玉子豆腐器1個份）

A | 水…300ml
  | 寒天粉…4g
上白糖…30g
白豆餡…250g
抹茶…2g
水…1小匙

作法

1 鍋中放入A加熱，煮沸且寒天融化後加入上白糖，再分次加入白豆餡充分攪拌後關火。
2 加入用水衝開的抹茶攪拌，倒入模具內散熱放涼後，放入冰箱裡冷藏凝固。

練切

Nerikiri

清淡的顏色與可愛的造型打造出入口即溶的爽口甜品

材料（10個份）
白豆餡…200g
求肥…20g
抹茶…適量
食用紅色素…適量

求肥（易製作的分量）
糯米粉…50g
水…100ml
上白糖…10g

作法（參照P.118）

求肥

1 耐熱碗內放入糯米粉，一邊加水一邊攪拌融化至沒有黏塊。
2 上白糖攪拌。
3 不包保鮮膜以微波爐（600W）加熱1～2分鐘，充分攪拌。再用微波爐加熱1分鐘後繼續攪拌，最後視情況再加熱1～2分鐘。攪拌至全體有透明感，且黏黏的狀態。
4 耐熱容器中放入白豆餡，以微波爐加熱2分鐘左右，去除水分。
5 分數次加入20g的3均勻攪拌，將麵團放入濕布中收緊塑形。

染色

1 麵團的一部分先染色後揉捏均勻。
2 將2種顏色的麵團擺在濕布上，像擠茶巾一樣收緊。

多種染色劑

黑芝麻

材料
黑芝麻糊…適量

使用方法
少量麵團直接沾取黑芝麻糊，染上黑色。再加入剩餘的麵團揉捏至整體顏色均勻。

紫薯粉

材料
紫薯粉…適量

使用方法
少量麵團直接沾取紫薯粉，染上紫色。再加入剩餘的麵團揉捏至整體顏色均勻。

食用紅色素

材料
食用紅色素…適量

使用方法
少量麵團直接沾取食用紅色素，染上紅色。再加入剩餘的麵團揉捏至整體顏色均勻。

抹茶

材料
抹茶…適量

使用方法
少量麵團直接沾取抹茶，染上綠色。再加入剩餘的麵團揉捏至整體顏色均勻。

銅鑼燒

Dorayaki

豐富的豆沙餡尤為刺激食慾
並且由於外形不易損壞，
當作禮物也是不錯的選擇

多種餡料

鮮奶油餡

材料（易製作的分量）
鮮奶油…200g
紅豆餡…200g

作法
碗中放入鮮奶油打至八分發，派皮烤好後夾入奶油和紅豆餡即可。

甜煮栗子

材料（易製作的分量）
甜煮栗子…50g
紅豆餡…200g

作法
派皮烤好後夾入4等分的甜煮栗子和紅豆餡即可。

材料（10個份）

麵團
低筋麵粉…150g
小蘇打…1.5g
水…45ml
蛋黃…3個
上白糖…140g
A 糖水…30g
日式甜料酒…30g
蛋白…3個

豆餡
紅豆餡…300g
水…70ml
上白糖…5g

事前準備
- 低筋麵粉過篩。
- 小蘇打用少量水化開。

作法
1. 碗中放入蛋黃攪散，分2次加入上白糖充分攪拌，再加入A。
2. 加入小蘇打和水繼續攪拌。
3. 加入低筋麵粉輕輕攪拌。
4. 另一個碗中加入蛋白打至七分發，分2次加入3中輕輕攪拌。
5. 鍋中放入豆餡的材料加熱，煮至豆餡變軟。
6. 加熱平底鍋，倒入少許沙拉油（分量外），倒入4，待派皮表面有氣泡後翻面，使兩面都帶有烤色。
7. 烤好後2片派皮一組夾入5。

大福

材料（8個份）
紅豆餡…200g
糯米粉100g
水150ml
上白糖…45g
豌豆（煮）…50g

事前準備
●紅豆餡8等分揉圓。

詳細步驟參照P.126

1 紅豆餡揉圓

紅豆餡8等分揉圓。

2 糯米粉加水

鍋中放入糯米粉後一點點加水攪拌。

3 攪拌至順滑

攪拌至麵糊順滑沒有黏塊。

4 加熱

加熱至有黏性

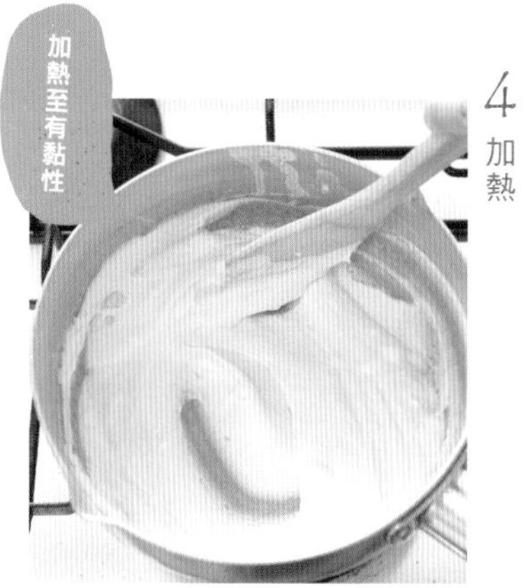

加熱時不斷用木湯匙攪拌，直至麵糊有黏性。

5 加入上白糖

麵糊呈半透明狀且有黏性後將鍋從火上拿下來，分3～4次加入上白糖，每次加入糖後都需中火加熱攪拌。

6 加入豌豆

麵糊有透明感後加入豌豆。

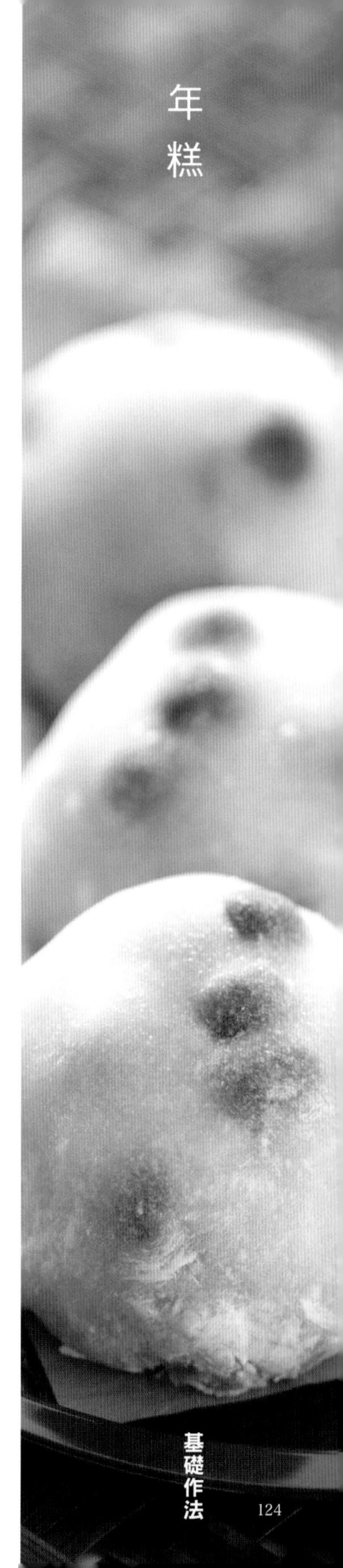

7 輕輕攪拌

防止豆子破裂輕輕攪拌。

↓

8 將麵團放在太白粉上

太白粉鋪滿方平底盤，將麵團放在上面散熱。

↓

9 用刮刀8等分

將裹滿太白粉的麵團8等分。

10 將麵團擀成圓形，放入豆餡

將麵團擀成直徑7cm大的圓形，放入紅豆餡。

↓

11 用指尖收口

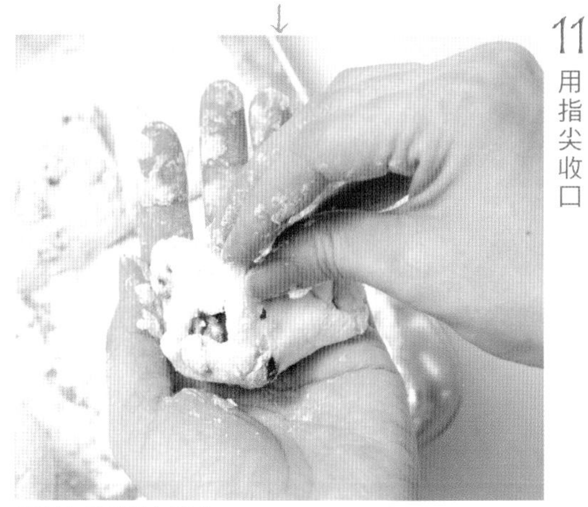

用指尖將麵團包緊收口。

↓

12 揉圓塑形

收口向下翻轉，揉圓塑形。

紅豆大福

Mame daifuku

軟糯的外皮與紅豆的搭配效果絕佳。還可以改用帶有鹹味的紅豌豆來挑戰一下

材料（8個份）
紅豆餡…200g
糯米粉…100g
水…150ml
上白糖…45g
豌豆（煮）…50g

事前準備
●紅豆餡8等分揉圓。

作法（參照P.124）
1 鍋中放入糯米粉後一點點加水攪拌至順滑
2 持續用中火加熱。
3 麵糊呈半透明狀且有黏性後關火，分3～4次加入上白糖，每次加入糖後都需中火加熱攪拌。
4 加入豌豆攪拌。
5 將太白粉（分量外）鋪滿方平底盤，將4放在上面裹滿太白粉後8等分。
6 取一個放在手中壓扁，用多餘的太白粉沾滿內側。放入紅豆餡包住收口，收口向下翻轉，揉圓塑形。

多種餡料

草莓餡

材料（8個份）
紅豆餡…160g
草莓…8個

作法
參照紅豆大福的作法，事前準備中就將草莓頂端向上包入紅豆餡中揉圓。

栗子餡

材料（8個份）
紅豆餡…160g
甜煮栗子…8個

作法
參照紅豆大福的作法，事前準備中就將栗子包入紅豆餡中揉圓。

柏餅 Kashiwa mochi

端午節必不可少的節日甜品，剛出鍋的最為香甜

粳米粉
熱水
紅豆餡
低筋麵粉
糯米粉
橡樹葉子
太白粉

材料（10個份）

麵團
粳米粉…120g
糯米粉…45g
低筋麵粉…15g
太白粉…15g

熱水
…180～200ml
紅豆餡…200g
橡樹葉子…10片

事前準備

●紅豆餡10等分揉圓。
●橡樹葉子用熱水煮10分鐘後過涼水，甩乾水分。

作法

1 耐熱容器中放入麵團的材料混合，分次加入熱水攪拌。
2 攪拌至提起刮刀後麵糊如水流下的狀態。
3 包裹保鮮膜以微波爐（600W）加熱1分鐘後取出，充分攪拌。再加熱2分鐘後取出，充分攪拌。
4 重複幾次以微波爐（600W）加熱1分鐘充分攪拌，直至麵團有黏性。
5 將麵團取出濕布，充分揉搓後切成10等分的棒狀。
6 放入手中壓成橢圓形，包入紅豆餡後再用橡樹葉子包住。

紅豆包

Steamed bean-jam bun

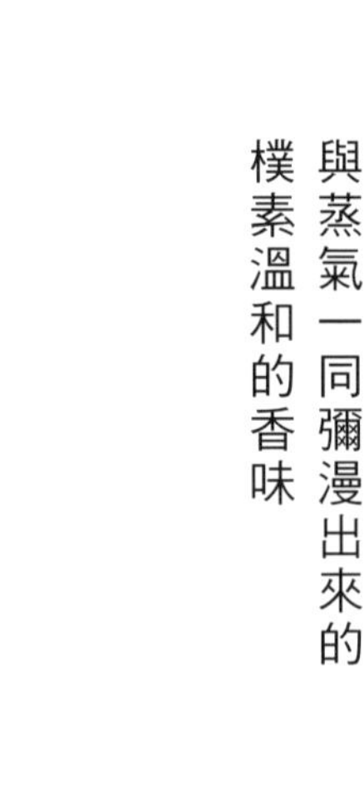

與蒸氣一同彌漫出來的
樸素溫和的香味

材料（10個份）
低筋麵粉…100g
泡打粉…1/2小匙
上白糖…35g
水…3大匙
紅豆餡…200g

事前準備
- 紅豆餡10等分揉圓。
- 低筋麵粉與泡打粉混合後過篩。
- 加熱蒸鍋。

作法
1. 小鍋中放入上白糖和水加熱，直至上白糖融化。
2. 碗中放入麵粉，分次加入1攪拌。
3. 攪拌至整體看不見粉類後，將其放在撒滿太白粉（分量外）的料理台上，揉捏成光滑的麵團。
4. 麵團10等分後放在手心中壓平，包住紅豆餡後收口向下。
5. 將4放入蒸鍋中蒸10分鐘左右。

多種麵團

黑糖饅頭

材料（10個份）
低筋麵粉…100g
A｜黑砂糖…50g
　｜水…30ml
水…2小匙
小蘇打…2g
紅豆餡…200g

事前準備
- 紅豆餡10等分揉圓。
- 低筋麵粉過篩。
- 熱蒸鍋。
- 小蘇打用水（分量外）化開。

作法
1. 鍋中放入上A加熱，直至糖融化。
2. 加入小蘇打水攪拌後再放入低筋麵粉。
3. 參照基礎作法的3～4來包住紅豆餡。
4. 放入蒸鍋中蒸10分鐘左右。

草餅

Kusa mochi

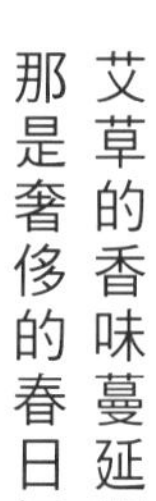

艾草的香味蔓延開來，
那是奢侈的春日氣息

熱水
糯米粉
紅豆餡
上白糖
艾草粉

材料（12個份）
糯米粉…200g
上白糖…20g
艾草粉…20g
熱水…280ml
紅豆餡…240g

事前準備
●紅豆餡12等分揉圓。

作法
1 耐熱容器中放入糯米粉、上白糖、艾草粉，分次加入熱水攪拌均勻。
2 包住保鮮膜後以微波爐（600W）加熱2分鐘後取出攪拌。
3 再次分別以微波爐（600W）加熱2分鐘、1分鐘，並且每次皆充分攪拌，直至麵團有黏性。
4 將麵團放在濕布上用手揉搓，趁熱將其做成12個棒狀。
5 將小麵團放在手中壓圓，包好紅豆餡收口。

多種頂部裝飾

黃豆粉

材料
黃豆粉…適量
作法
將黃豆粉撒在年糕上即可。

白芝麻碎

材料
白芝麻碎…適量
作法
將白芝麻碎撒在年糕上即可。

櫻餅

Sakura mochi

如花瓣一般
粉嫩可愛的甜點
用櫻樹葉子包裹後
拿去賞花時食用吧！

道明寺櫻餅

材料（10個份）
水…180ml
食用紅色素少許
紅豆餡…200g
櫻樹葉子（鹽漬）…10片
道明寺粉…120g
上白糖…20g
鹽…1小撮

事前準備
●用水將食用紅色素化開。
●紅豆餡10等分揉圓。
●櫻樹葉子浸泡水洗後擦乾水分。

作法
1 耐熱容器中放入道明寺粉，加入稀釋的食用紅色素攪拌均勻。
2 包住保鮮膜以微波爐（600W）加熱5分鐘，再去掉保鮮膜蓋布蒸10分鐘左右。
3 加入上白糖、鹽充分攪拌。
4 放涼包保鮮膜搓成棒狀分10等分。
5 將小麵團放在手中壓圓，包好紅豆餡收口，做成柱狀卷上櫻樹葉子。

長命寺櫻餅

材料（10個份）
紅豆餡…250g
水…120ml
食用紅色素…少許
A | 低筋麵粉…90g
  | 上白糖…60g
櫻樹葉子（鹽漬）…10片
糯米粉…1.5小匙
沙拉油…適量

事前準備
●紅豆餡10等分做成柱狀。
●用水將食用紅色素化開。
●低筋麵粉過篩。
●櫻樹葉子浸泡水洗後擦乾水分。

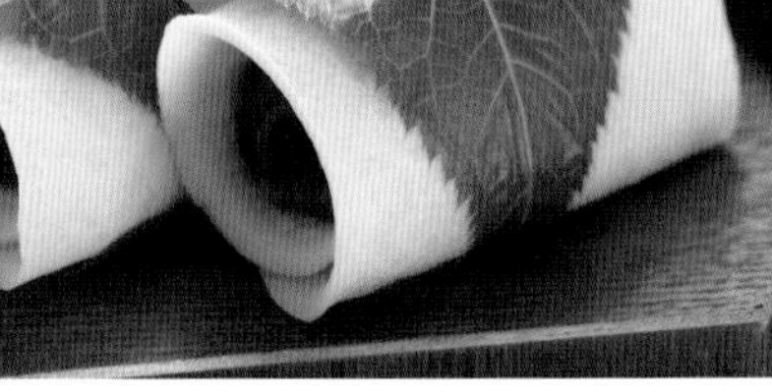

作法
1 碗中放入糯米粉，加入稀釋的食用紅色素攪拌均勻。
2 另一個碗中放入A，分次加入1用橡膠刮刀攪拌至顏色均勻。
3 攪拌至麵糊顏色均勻，且提起刮刀後麵團快速滴落的程度。
4 加熱平底鍋塗抹薄薄一層沙拉油，倒入1大匙麵糊做成橢圓形。
5 麵糊烤得表面乾燥後不翻面，直接取出放在烘焙紙上放涼。
6 派皮放涼後捲入紅豆餡，再包住櫻樹葉子。

團子

Dango

不論大人小孩
都喜愛的糕點
豐富多變的口味
也是它的魅力所在

多種糖汁

芝麻糖汁

材料
（8根份）
黑芝麻糊…20g
上白糖…10g
太白粉…1小匙

作法
碗中放入材料後攪拌至黏稠即可。

豆沙糖汁

材料（8根份）
紅豆餡…200g
上白糖…15g
水…50g

作法
鍋中放入材料加熱，即將煮沸時關火放涼即可。

糯米粉
熱水
水
上白糖
醬油
粳米粉
日式甜料酒
太白粉

材料（8根份）
團子
粳米粉…80g
糯米粉…80g
熱水…150ml
糖汁
水…50ml
上白糖…3大匙
醬油…1大匙
日式甜料酒…1小匙
太白粉…1小匙

作法
1 碗中放入粳米粉和糯米粉，分次加入熱水揉捏至耳垂一般柔軟後，分32等分揉圓。
2 小鍋中放入熱水煮沸放入1，等其浮上水面後過冷水。
3 小鍋中放入糖汁的材料中火加熱，攪拌至汁液黏稠。
4 將4個2串在竹籤上，共做8串，將3淋在上面。

金鍔燒

材料
（11cmX14cm
玉子豆腐器1個份）
寒天粉…3g
水…70ml
上白糖…50g
紅豆餡…350g

麵皮
糯米粉…10g
水…60ml
上白糖…20g
低筋麵粉…50g
沙拉油…適量

事前準備
●低筋麵粉過篩。

⇦ 詳細步驟參照P.137

1 將紅豆餡沾滿攪拌好的麵皮材料

參照P.137中1、2製作紅豆餡。將紅豆餡的一面沾滿麵皮材料。

↓

2 用平底鍋烤

分別烘烤六面，注意不要烤焦。

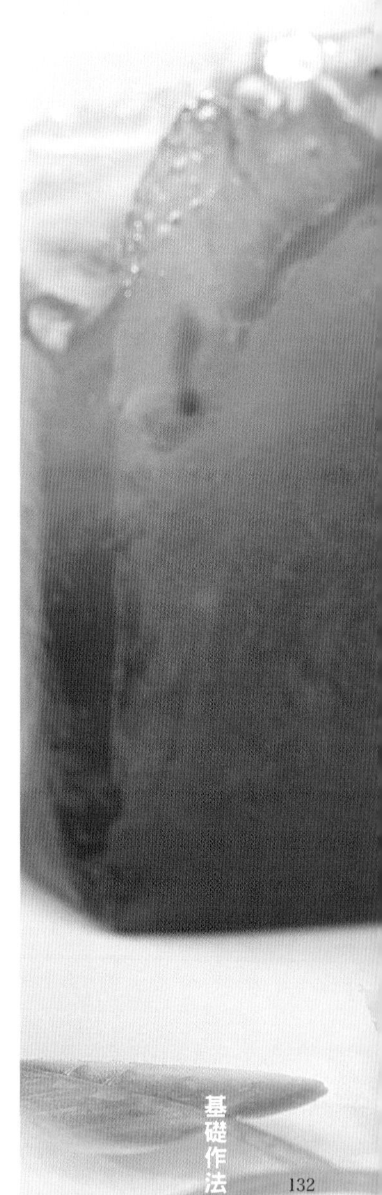

葛粉

材料（11cmX14cm 玉子豆腐器1個份）
葛粉…75g
水…150ml

事前準備
- 玉子豆腐器用水沾濕。
- 玉子豆腐器放入大鍋中用熱水煮沸。

詳細步驟參照P.135

1 葛粉加水攪拌均勻

碗中放入葛粉，一點點加水用手攪拌均勻。

2 過濾麵糊

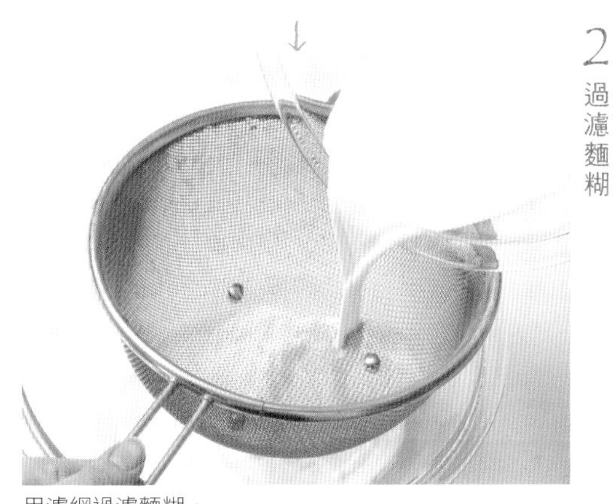

用濾網過濾麵糊。

3 將麵糊倒入模具中

將1飯勺的麵糊倒入模具中。

4 容器要浮在熱水上

容器要浮在沸騰的熱水上。

5 將容器壓入水中

麵糊表面凝固後壓入熱水中。

6 拿出水中

麵糊變為半透明後取出，連同容器一起泡在水裡，用竹籤由四周插入取出，切成細長條。

牛奶寒天

Milk agar

牛奶溫和的味道讓人回味無窮。由於製作簡單所以尤為推薦當作甜品食用

多種口味

黑蜜

材料（11cmX14cm 玉子豆腐器1個份）
寒天粉…4g
水…300ml
黑砂糖…80g

作法
1 鍋中放入水、寒天粉後加熱，煮沸直至寒天融化。
2 加入黑砂糖，等其融化後關火，倒入模具中放入冰箱內冷藏凝固。

柚子

材料（11cmX14cm 玉子豆腐器1個份）
寒天粉…4g
水…300ml
上白糖…100g
柚子皮…適量

作法
1 鍋中放入水、寒天粉後加熱，煮沸直至寒天融化。
2 加入上白糖，等其融化後關火，加入磨碎的柚子皮後倒入模具中放入冰箱內冷藏凝固。

材料（11cmX14cm 玉子豆腐器1個份）
水…100ml
牛奶…200ml
寒天粉…4g
上白糖…120g

作法
1 鍋中放入水、牛奶、寒天粉後加熱，煮沸直至寒天融化。
2 加入上白糖，等其融化後關火，倒入模具中放入冰箱內冷藏凝固。

葛粉

Kudzu kiri

Q彈爽滑的口感
讓人停不了嘴，
適合夏季的清涼甜品

材料（11cmX14cm玉子豆腐器1個份）
葛粉…75g
水…150ml
黑蜜…適量

事前準備
- 玉子豆腐器用水沾濕。
- 玉子豆腐器放入大鍋中用熱水煮沸。

作法（參照P.133）
1. 碗中放入葛粉，一點點加水攪拌均勻，用濾網過濾。
2. 將1飯匙的麵糊倒入模具中。
3. 將鍋中熱水燒開後改小火，讓容器浮在熱水上。
4. 麵糊表面凝固後將模具壓入熱水中，直至麵糊變半透明。
5. 將容器取出熱水泡在涼水裡，用竹籤由四周插入取出，切成細長條。盛入碗中淋上黑蜜。

多種頂部裝飾

紅豆餡

材料
紅豆餡…適量

作法
在淋上黑蜜的葛粉上按照喜好撒紅豆餡。

黃豆粉

材料
黃豆粉…適量

作法
在淋上黑蜜的葛粉上按照喜好撒黃豆粉。

柚餅子

Yubeshi

蒸熟的糯米粉
帶來的軟糯口感。
鄉土氣息濃郁的
甜美點心

材料（11cmX14cm玉子豆腐器1個份）
核桃…50g
上白糖…150g
醬油…1大匙
水…80ml
糯米粉…90g

事前準備
- 核桃用烤箱輕輕烘烤後切碎。
- 模具中鋪一張烘焙紙。
- 加熱蒸鍋。

作法
1. 鍋中放入上白糖、醬油、水加熱，直至上白糖融化。
2. 加入糯米粉充分攪拌，再加入核桃攪拌。
3. 將麵糊倒入模具內，用蒸鍋蒸30分鐘左右。
4. 將麵團取出放在撒了太白粉（分量外）的方平底盤中放涼後翻面。
5. 切開後撒滿太白粉。

多種口味

柚子醬

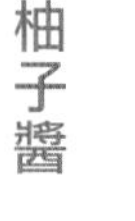

材料
（11cmX14cm
玉子豆腐器1個份）
上白糖…150g
柚子醬…20g
水…80ml
柚子皮
…1個
糯米粉
…90g
太白粉…適量

作法
參照柚餅子的作法，在1中將醬油替換成柚子醬，2中將核桃替換成切碎的柚子皮即可。

黑芝麻

材料（11cmX14cm玉子豆腐器1個份）
上白糖…150g
醬油…1大匙
水…80ml
黑芝麻…30g
糯米粉
…90g
太白粉
…適量

作法
參照柚餅子的作法，在2中將核桃替換成黑芝麻即可。

水果乾

材料（11cmX14cm玉子豆腐器1個份）
A 杏乾…4個
加州梅…4個
蔓越莓乾…20g
葡萄乾…20g
糯米粉…100g
水…150ml
上白糖…60g
太白粉…適量

作法
1. 耐熱碗中放入糯米粉，一點點加水攪拌，再放入上白糖。
2. 包住保鮮膜後以微波爐（600W）加熱3分鐘，充分攪拌。
3. 加入切碎的A，以微波爐加熱2～3分鐘，再放到撒滿太白粉的方平底盤中切成易食用的大小。

金鍔燒

Kintsuba

內裡塞滿的紅豆
對於熱愛豆沙的人來說
是最為奢侈的日式甜品

材料（11cmX14cm玉子豆腐器1個份）

寒天粉…3g
水…70ml
上白糖…50g
紅豆餡…350g

麵皮
糯米粉…10g
水…60ml
上白糖…20g
低筋麵粉…50g
沙拉油…適量

事前準備

●低筋麵粉過篩。

作法

1 鍋中放入寒天粉和水，中火加熱，直至煮沸後寒天完全融化再加入上白糖。
2 關火後加入紅豆餡攪拌，倒入模具中。抹平表面放入冰箱內冷藏凝固，再9等分。
3 製作麵皮。碗中放入糯米粉，分次加入水攪拌至沒有黏塊。
4 完全攪拌好後按照上白糖、低筋麵粉的順序放入後攪拌，直至提起刮刀後麵糊呈帶狀快速滑落的狀態。
5 加熱平底鍋，塗抹薄薄一層沙拉油，將2的每一面都沾上步驟4後放入鍋內烘烤（參照P.132）。

甜薯蛋糕

Sweet potato cake

番薯綿軟甘甜的味道
如果搭配肉桂
又是一種新型美味

多種口味

甜南瓜蛋糕

材料（4個份）
南瓜…300g
細砂糖…20g
無鹽奶油…10g
蛋黃…1個
牛奶…1大匙
鹽、肉桂…各少許
A 蛋黃…少許
　水…少許

事前準備
●烤箱預熱至180℃。

作法
1 南瓜去皮切小塊，放入耐熱容器中，包保鮮膜以微波爐（600W）加熱至南瓜變軟，取出後將碾碎。
2 加入細砂糖、奶油、蛋黃、牛奶、鹽、肉桂後攪拌。
3 倒入紙杯中表面用刷子塗抹A，放入180℃的烤箱內加熱20分鐘左右。

牛奶
番薯
細砂糖
奶油
蛋黃
鹽
蛋黃
肉桂

材料（4個份）
番薯…200g
細砂糖…20g
無鹽奶油…10g
牛奶…1大匙
蛋黃…1個
鹽、肉桂…各少許
酥皮用
蛋黃…1個

事前準備
●烤箱預熱至180℃。

作法
1 番薯去皮，切1cm厚的片後浸泡。
2 小鍋中放入1，再加足以淹沒過食材的水煮製，直至番薯變軟後倒掉水。
3 小火加熱，用木湯匙碾碎番薯，去除裡面多餘的水分。
4 加入細砂糖、奶油、牛奶後攪拌。
5 加入蛋黃攪拌直至有黏性，最後加入鹽、肉桂。
6 倒入紙杯中表面用刷子塗抹蛋黃，放入180℃的烤箱內加熱20分鐘左右。

蜂蜜蛋糕

Castella

入口即溶的絕佳口感
搭配蜂蜜的香甜味道，
外觀雖普通卻是無比的美味

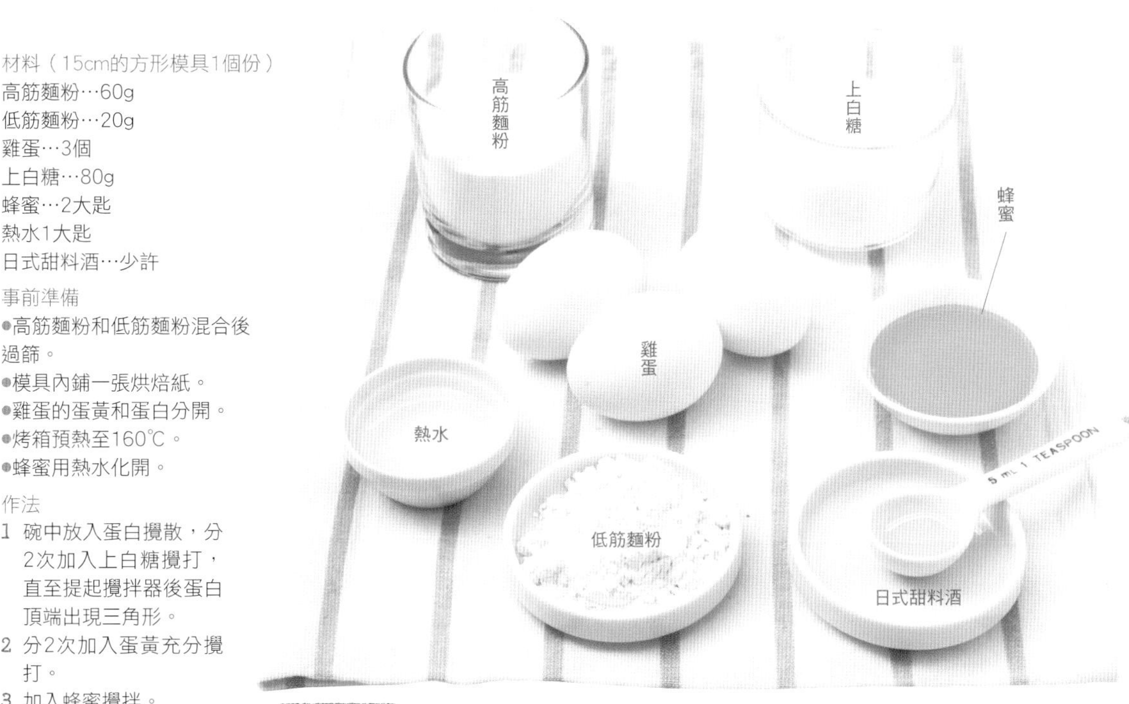

材料（15cm的方形模具1個份）

高筋麵粉…60g
低筋麵粉…20g
雞蛋…3個
上白糖…80g
蜂蜜…2大匙
熱水1大匙
日式甜料酒…少許

事前準備

- 高筋麵粉和低筋麵粉混合後過篩。
- 模具內鋪一張烘焙紙。
- 雞蛋的蛋黃和蛋白分開。
- 烤箱預熱至160℃。
- 蜂蜜用熱水化開。

作法

1. 碗中放入蛋白攪散，分2次加入上白糖攪打，直至提起攪拌器後蛋白頂端出現三角形。
2. 分2次加入蛋黃充分攪打。
3. 加入蜂蜜攪拌。
4. 加入所有麵粉，從底部向上攪拌。
5. 將麵糊倒入模具中，手持模具輕輕摔打以去除裡面的空氣。放入160℃的烤箱內烘烤35分鐘左右。
6. 烤好後連同烤盤一同摔打以去除裡面的空氣，表面用刷子塗抹日式調料酒，不脫模直接倒置放涼。

多種麵糊

豆漿蜂蜜

材料（易製作的分量）

高筋麵粉…80g
A ｜雞蛋…2個
　｜蛋黃…2個
　｜上白糖…80g
B ｜豆漿…40ml
　｜蜂蜜…30g
沙拉油…1大匙

事前準備

- 高筋麵粉過篩。
- 模具內鋪一張烘焙紙。
- 烤箱預熱至160℃。

作法

1. 碗中放入A攪打發泡。
2. 鍋中放入B加熱，加熱至人體溫度後關火，加入1充分攪拌。
3. 加入高筋麵粉，從底部向上攪拌，加入沙拉油充分攪拌。
4. 參照蜂蜜蛋糕作法的5和6。

製作日式點心的用具

製作甜品的過程中，如若沒有某些用具，可謂事倍功半。因此，先讓我們來確認一下必要的工具吧！

方平底盤

淺底方形容器，使用巧克力做蛋糕的頂部裝飾等時做托盤用。

橡膠刮刀

攪拌材料、或將碗邊沾滿的麵糊刮乾淨等時必不可少的工具。推薦使用耐熱性好的矽製刮刀。

碗

攪拌材料、打發奶油蛋白時使用。還可用作隔水加熱或冰水冷卻，因此推薦使用導熱功能佳的不銹鋼材質。

蛋糕架

將烤好的蛋糕放在上面以散熱的工具。推薦圓形或方形的。

擀麵棍

擀麵團或碾碎食材用。最好準備稍重的大號與輕便的小號2種。

篩粉網

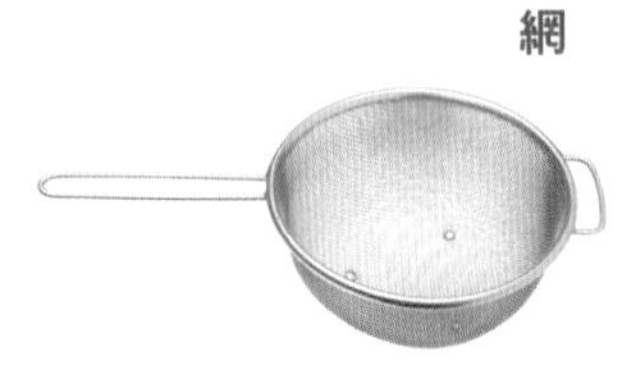

過篩麵粉與砂糖，抑或過濾混合的麵糊。需要過濾的食材較少時使用濾茶器更為便利。

抹刀

塗抹奶油類的刀，寬大的刀面十分方便塗抹。

刮刀

切麵團或抹平、攪拌麵團必不可少的工具。

攪拌器

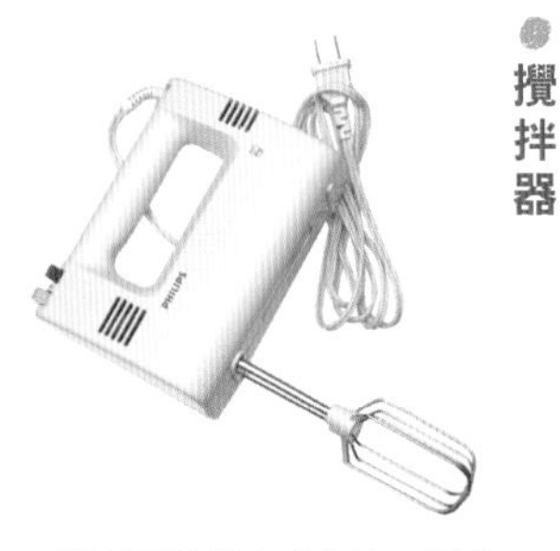

轉速可選低速或高速，打發鮮奶油與蛋白霜的必需品。

小鍋

加熱牛奶、或製作醬汁時使用。

刀

將烤好的蛋糕切口，或乾脆切易食用的大小時使用。推薦使用刀刃有鋸齒的那種。

打蛋器

需要將麵糊或鮮奶油輕輕發泡，或混合攪拌時使用。選擇適合自己手掌大小的即可。

刷子

塗抹奶油或糖汁時使用。

迷你塔模具

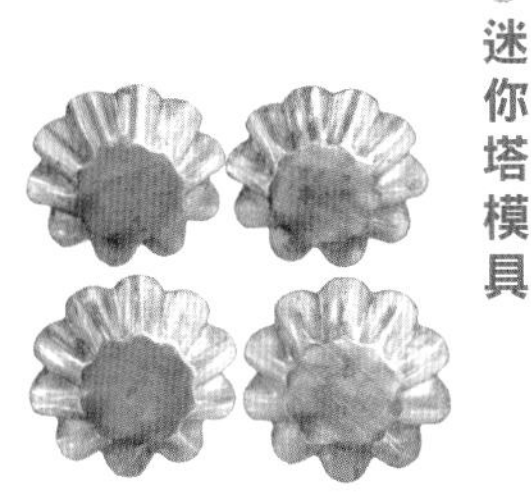

大小適合一口吞的果子塔模具。使用方法與果子塔模具相同。

餅乾模具

形狀大小皆豐富多彩的餅乾模具。用之前要先在上面撒一些麵粉。

圓形模具

製作海綿蛋糕或起司蛋糕用的模具。如果蛋糕柔軟易損壞，推薦使用活底的。

環形模具

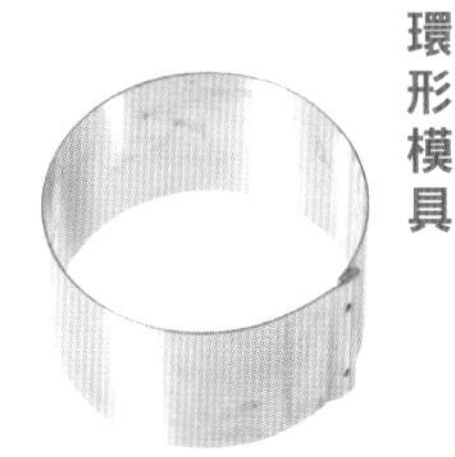

無底的圓形框。直接放在烤盤上，倒入麵糊即可。尺寸從2.5cm～9cm均有。

甜甜圈模具

為甜甜圈塑形時使用。用前需撒粉。

烘焙紙

鋪在烤盤或模具裡，放置蛋糕粘連模具的紙。

磅蛋糕模具

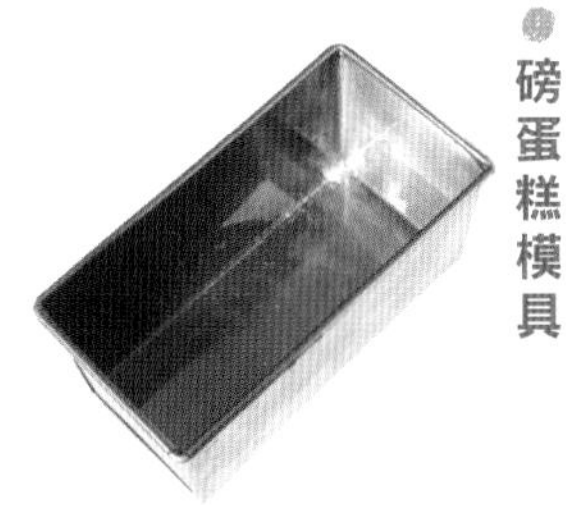

毫無裝飾的深底模具。有可直接做禮物的紙質和鋁製品。

溫度計

巧克力調溫的必需品。還有易查看溫度的電子型。

瑪德琳蛋糕模具

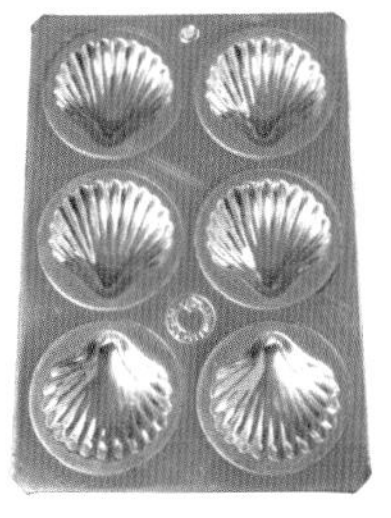

令人印象極深的瑪德琳蛋糕模具。需先塗抹奶油再撒粉才可使用。

玉子豆腐器

製作羊羹或葛粉使用的工具，也是製作日式甜品必不可少的工具。

戚風蛋糕模具

中間的圓筒亦可導熱。因為底部可活動所以使用起來很方便。

重物

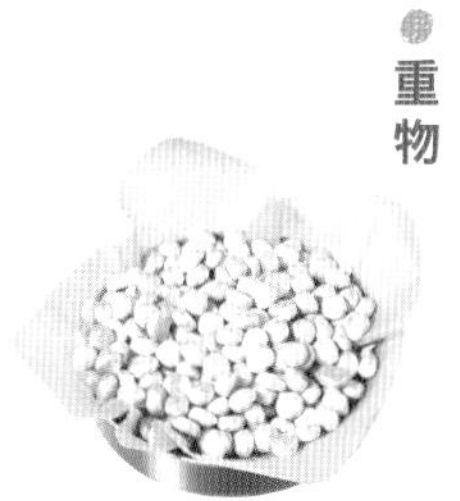

烘烤派皮或果子塔皮時使用。剛烤好時非常熱，注意不要燙傷。

擠花袋&擠花嘴

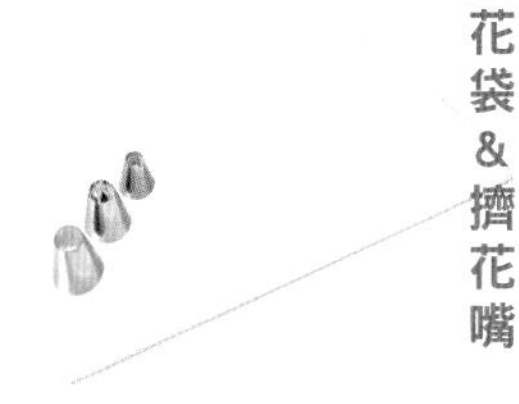

擠奶油時使用。推薦購買可重複清洗使用的擠花袋。

費南雪模具

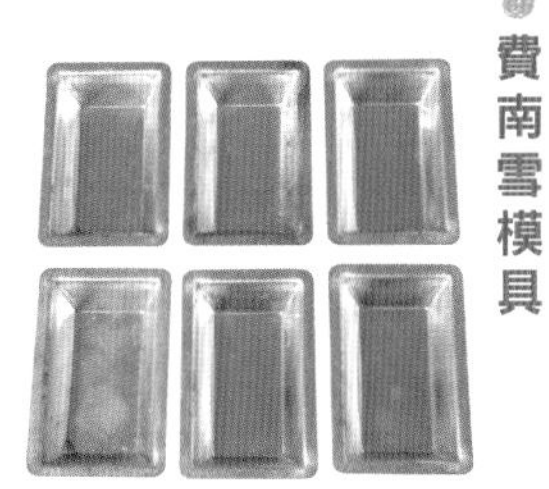

材質不僅有不銹鋼、鋁、馬口鐵，更有不塗抹奶油即可使用的矽材製品。

果子塔模具

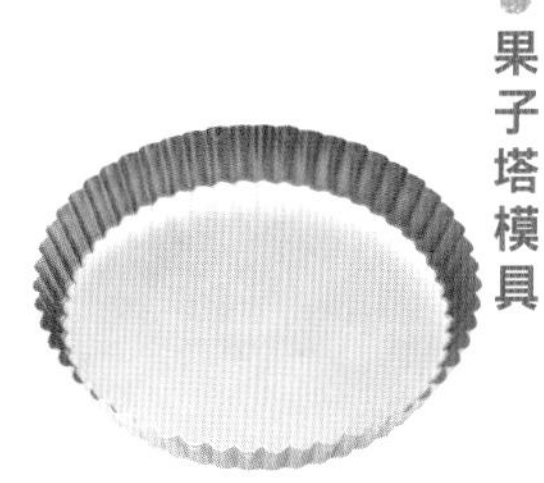

製作果子塔或派時使用。由於麵團裡已經含有許多奶油，因此可不塗抹奶油直接使用。

點心的基本用語

食譜中出現的專業術語和食材等，讓不少人摸不著頭緒，在這裡將一起綜合解釋，免去大家辛苦查閱，也為製作甜品增添一份樂趣。

人體肌膚
指與人體體溫一樣的36～37℃。手指插入其中僅會感覺微微有些熱。

切拌
將刮刀或橡膠刮刀豎著拿，向刀切物體一樣劃開麵團攪拌。這種攪拌方法可防止麵團有黏性。

立起三角形
指打發鮮奶油或蛋白霜時，提起打蛋器後其前端會出現三角形的狀態。

泡軟
將吉利丁等浸泡在水裡使其變軟。

果泥
將生的水果等直接碾碎過濾得到的東西。

室溫軟化
讓從冰箱取出的奶油和雞蛋變回與室溫相同的18～20℃。這樣奶油更易使用，而雞蛋更易打發。

乾粉
為了防止麵團黏在擀麵棍上而撒的粉。高筋麵粉或低筋麵粉即可。但高筋麵粉很難混進麵團裡。

乾烤
將果子塔或派的麵團鋪在模具裡，不放餡料直接烘烤。

頂部裝飾
蛋糕等表面的裝飾，由於是最上層的裝飾，因此指的是塗抹奶油等裝飾後才撒落的堅果、銀珠糖等。

蛋白霜
將蛋白與砂糖打發至前端可豎起三角形。隨後可直接擠在烤盤上烘烤，或揉進麵團裡打造鬆軟無比的口感。

散熱
將加熱的食材或剛烤好的點心冷卻至可用手觸摸的程度。

焦糖
將細砂糖等糖類放入鍋中加熱至略焦的茶色糖漿。再加入水稀釋即可製作成焦糖。

揉麵團
將麵粉揉成一個團。

過濾
使用萬能篩檢程式或濾茶器過濾麵糊，可使麵糊更順滑。

過篩
將低筋麵粉、泡打粉等分類通過篩子。從而使麵粉裡含有空氣，更易揉成麵團。

隔水加熱
將碗底放在熱水上，慢慢加熱食材的烹飪方法。注意不要讓熱水流進碗裡。

隔水烘烤
烘烤起司蛋糕時所使用的方法。先將模具（帶底的）放在烤盤上，再在烤盤裡倒入熱水進行烘烤。能讓蛋糕更緊實。

輕輕攪拌
一方面防止奶油等消泡，另一方面防止其有黏性。使用木湯匙或橡膠刮刀從碗底翻刮攪拌麵糊等。

裝飾
對蛋糕的裝點。在蛋糕上用奶油、鮮奶油、巧克力等奶油或水果皆可。

餡料
本意是填滿，因此指的就是塞在裡面的東西。也指派活果子塔內裡的食材。

糖衣
通過將酒、果汁、水等液體加入糖粉攪拌製作而成。也就是烤點心和水果外面包裹的砂糖衣。

醒麵
揉好麵團後放置片刻。多數時候會放入冰箱冷藏或冷凍。讓麵團發酵，烤出來會更漂亮。

壓拌
像蒜臼一樣，用橡膠刮刀或打蛋器邊壓麵糊等邊攪拌。攪拌砂糖、奶油等不易混合的東西時使用這種方法。

黏塊
小麥粉等未攪拌均勻所殘留的顆粒狀小麵團。

醬汁
使用果汁或果肉製作的液態奶油或巧克力等的奶油。經常用於加入烘烤的點心裡，或淋在點心上。

戳孔
顧名思義，就使用叉子或打孔器等給麵團戳孔。這樣做是為了讓果子塔和派的麵團能更好的膨脹。

攪打奶油
將冷的鮮奶油打發。根據用途可在裡面添加砂糖、洋酒等。

奶油&醬汁等食譜索引

風味顏色應有盡有的奶油與醬汁，裝飾在特定的甜品上自然美麗，但即便是裝點在外形樸素的糕點上也未嘗不可。

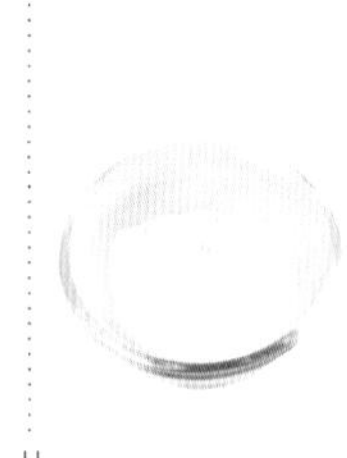

鮮奶油基底

卡士達醬基底

紅豆餡

醬汁、糖汁

糖衣、塗層

TITLE

和洋菓子幸福手帖320

STAFF

出版　三悅文化圖書事業有限公司
監修　中村佳瑞子

總編輯　郭湘齡
責任編輯　莊薇熙
文字編輯　黃美玉　黃思婷
美術編輯　朱哲宏
排版　二次方數位設計
製版　明宏彩色照相製版股份有限公司
印刷　桂林彩色印刷股份有限公司

法律顧問　經兆國際法律事務所　黃沛聲律師

代理發行　瑞昇文化事業股份有限公司
地址　新北市中和區景平路464巷2弄1-4號
電話　(02)2945-3191
傳真　(02)2945-3190
網址　www.rising-books.com.tw
e-Mail　resing@ms34.hinet.net

劃撥帳號　19598343
戶名　瑞昇文化事業股份有限公司

初版日期　2017年2月
定價　350元

ORIGINAL JAPANESE EDITION STAFF

アートディレクション　石倉ヒロユキ
編集・制作　regia
料理監修　中村佳瑞子
編集・執筆協力　清水和子
デザイン　regia
写真　石倉ヒロユキ　本田犬友
料理製作アシスタント　岩崎由美
編集デスク　近藤祥子（主婦の友社）

材料協力
クオカ（cuoca）
お問い合わせ先　0120-863-639
ホームページ　http://www.cuoca.com/

國家圖書館出版品預行編目資料

和洋菓子幸福手帖320 /
中村佳瑞子監修.
-- 初版. -- 新北市 : 三悅文化圖書, 2017.02
144　面 ; 18.2 X 23.5　公分
譯自 : 材料がひと目でわかる! : 手作りお菓子手帖よくばりレシピ320
ISBN 978-986-94155-1-4(平裝)

1.點心食譜

427.16　105025018